••• Títulos relacionados

AGAC0108 CULTIVOS HERBÁCEOS

[OTROS TÍTULOS DISPONIBLES]

AF274145

AGAH0108 HORTICULTURA Y FRUTICULTURA

[OTROS TÍTULOS DISPONIBLES]

Solicítalos en:
- Librería
- www.paraninfo.es
- Solicitudes nacionales +34 914 463 350
- Solicitudes fuera de España +34 913 308 907, +34 913 308 919

Operaciones culturales, riego y fertilización
UF0003

Alberto Moreno Vega y Antonio García Luna

© 2024 Alberto Moreno Vega y Antonio García Luna
© 2024 Ediciones Paraninfo, S. A.

Diseño y maquetación: Ediciones Nobel, S. A.

ISBN: 978-84-1366-449-1
Depósito legal: M-11337-2024
Impresión: Liberdigital (Casarrubuelos, Madrid)

Impreso en España

Biografía

Alberto Moreno Vega realizó sus estudios universitarios en la Escuela Técnica Superior de Ingenieros Agrónomos y de Montes y en la Escuela Politécnica de Córdoba, realizando las titulaciones de Ingeniero de Montes e Ingeniero Técnico Industrial, especialidad en Mecánica. De otro lado, es Técnico Superior en PRL con la especialidad Seguridad en el Trabajo. Además, fue titulado como Especialista Universitario en Higiene Industrial y Practicum, ídem en Ergonomía, Psicosociología y Seguridad, ambas por la Universidad Complutense de Madrid. Asimismo, posee varios certificados profesionales de nivel 3 en la familia profesional Agraria. Desde 2005 trabaja en la Junta de Andalucía, Consejería de Agricultura, Pesca, Agua y Desarrollo Rural, como técnico de SIG en AGAPA. Por último, ha escrito numerosos artículos y libros técnico-didácticos dedicados al patrimonio industrial agroalimentario y al sector agroforestal.

Antonio García Luna es Ingeniero Agrónomo por la Escuela Técnica Superior de Ingenieros Agrónomos y de Montes de Córdoba. Desde 2006 desarrolla su actividad profesional como empleado público en la Oficina Provincial de Córdoba de la Consejería de Agricultura, Pesca, Agua y Desarrollo Rural, Junta de Andalucía, siendo técnico de SIG en Agencia de Gestión Agraria y Pesquera de Andalucía (AGAPA). Ha publicado numerosos artículos y libros técnico-didácticos dedicados a la micología aplicada, etnografía e ingeniería rural, infraestructuras e instalaciones de cultivos agrícolas, etc. Además, durante su tiempo libre maneja invernaderos y explotaciones agrícolas, donde practica y ensaya su conocimiento profesional.

Índice

Introducción a la normativa... XI

1. Operaciones culturales en horticultura y floricultura 1

    1.1. Plantas hortícolas... 3

        1.1.1. Fisiología del desarrollo vegetativo, floración y fructificación 3

        1.1.2. Especies y variedades comerciales 6

    1.2. Plantas para flor cortada 32

        1.2.1. Fisiología del desarrollo vegetativo 32

        1.2.2. Floración 33

        1.2.3. Especies y variedades comerciales 33

    1.3. Laboreo 37

    1.4. Repicados 39

    1.5. Despuntados y pinzamientos...................................... 40

    1.6. Blanqueos... 40

    1.7. Entutorados 41

    1.8. Mejora de la polinización 41

    1.9. Castración.. 43

    1.10. Recalzados o aporcados... 44

    1.11. Escardas 44

    1.12. Sombreamientos... 45

    1.13. Injertos 45

    1.14. Tratamiento de residuos vegetales 47

2. El riego de hortalizas y flores 49

    2.1. La calidad del agua de riego.................................... 51

        2.1.1. Variables que definen la calidad del agua de riego 51

        2.1.2. Toma de muestras de agua 55

        2.1.3. Interpretación de un análisis de agua 56

    2.2. Necesidades h.dricas de las hortalizas y flor cortada 58

        2.2.1. Evapotranspiración 58

        2.2.2. Factores climáticos que influyen en el balance hídrico 60

2.3. Sistemas de riego. 72

    2.3.1. Riego a pie 73

    2.3.2. Riego localizado 74

    2.3.3. Riego en superficie 75

    2.3.4. Riego enterrado. 81

    2.3.5. Riego por aspersión. 82

2.4. Eficiencia del riego 86

2.5. Uniformidad del riego 90

2.6. Cultivos hidropónicos 93

    2.6.1. Funcionamiento de los sistemas hidropónicos 95

    2.6.2. Sustratos. 98

    2.6.3. Sistemas de manejo. 113

2.7. Instalaciones de riego. 116

    2.7.1. Estación de bombeo y filtrado 117

    2.7.2. Sistemas de inyección de soluciones nutritivas y sanitarias 119

    2.7.3. Sistema de distribución del agua 119

    2.7.4. Emisores de agua. 120

2.8. Manejo y primer mantenimiento de la instalación de riego. 122

2.9. Regulación y comprobación de caudal y presión. 124

2.10. Limpieza del sistema 125

2.11. Medida de la uniformidad del riego. 127

2.12. Medida de la humedad del suelo 128

    2.7.1. Manejo y primer mantenimiento de la instalaci.n de riego 117

3. **Fertilización de cultivos hortícolas y florales** 131

3.1. La fertilidad del suelo. 133

3.2. Variables que definen la fertilidad del suelo 133

3.3. Los elementos esenciales 133

3.4. Necesidades nutritivas de los cultivos hortícolas y de flor cortada. 137

3.5. Análisis foliar: toma de muestras foliares, interpretación, corrección
    y consecuencias prácticas del análisis 138

3.6. Extracciones de las cosechas. 139

3.7. Elaboración de una recomendación de fertilización 141

3.8. Aplicación de los nutrientes necesarios. Aplicación al suelo.
    Aplicación por vía foliar. 145

3.9. Selección de abonos que se van a emplear 147

3.10. Identificación de la época y el apero con el que se va a realizar
la aplicación de abono 148

3.11. Soluciones nutritivas: cálculo de soluciones nutritivas. Ejemplo de cálculos..... 148

3.12. Factores que afectan a la solución nutritiva. Medidas de control 149

3.13. Aportación de soluciones nutritivas 150

3.14. Selección, manejo y mantenimiento básico de equipos y herramientas
para la aplicación del abonado 151

3.14.1. Abonos orgánicos 153

3.14.2. Fertilizantes químicos... 153

3.14.3. Ejecución de la limpieza, desinfección y ordenamiento
de las instalaciones, equipos, máquinas y herramientas utilizadas 154

3.15. Normas medioambientales y de prevención de riesgos laborales
en la aplicación del abono.. 155

Introducción normativa

La Ley Orgánica 3/2022, de 31 de marzo, de ordenación e integración de la Formación Profesional, contiene una disposición derogatoria única que afecta a la regulación de los certificados de profesionalidad, ahora denominados **Certificados Profesionales**. La referida normativa deroga la Ley Orgánica 5/2002, de 19 de junio, de las Cualificaciones y de la Formación Profesional, y abre un escenario de cambios que se irán implementando progresivamente.

La Ley Orgánica 3/2022, de 31 de marzo, de ordenación e integración de la Formación Profesional implica que toda la formación es acumulable. La oferta formativa se estructura de forma escalonada, siendo los Certificados Profesionales un nivel intermedio (Grado C) de una escala que va desde el Grado A hasta el E.

En los artículos 35 a 38 de la Ley 3/2022 se describe en qué consisten estos Certificados Profesionales: su oferta, formación asociada, estructura, duración, acceso, titulación y validez. Posteriormente, esta normativa se completa con lo dispuesto en el Real Decreto 659/2023, de 18 de julio, que desarrolla la ordenación del sistema de Formación Profesional. Concretamente en los artículos 67 a 81 es donde se hace referencia a la oferta formativa de Grado C, correspondiente a los Certificados Profesionales.

Están agrupados en 26 familias profesionales con características comunes del sector. En la actualidad hay más de medio millar de Certificados Profesionales incluidos en el Repertorio Nacional. Esta cifra no deja de crecer. Además, cada certificado está específicamente regulado por un real decreto.

Un Certificado Profesional corresponde al Grado C de la oferta del Sistema de Formación Profesional. Es un documento oficial, con validez en todo el territorio nacional y debe constar en el Catálogo Nacional de Ofertas de Formación Profesional, que certifica la capacitación para el desarrollo de una actividad profesional.

Debe detallar los módulos profesionales superados y los estándares de competencia profesional asociados a él e incluidos en el **Catálogo Nacional de Estándares de Competencias Profesionales**, así como su correspondencia con el Marco Español de Cualificaciones.

Despliegan su validez en un doble ámbito, laboral y académico:

- En el contexto laboral tienen validez profesional, porque acreditan las competencias en una determinada profesión. Para poder trabajar en algunas profesiones, se exigen determinadas cualificaciones, y los certificados sirven para acreditarlas.

- Asimismo, tienen validez académica, puesto que permiten continuar un itinerario formativo siempre que se cumplan los requisitos de acceso para cursar la titulación deseada. De tal modo que, los Certificados Profesionales que sean parte de un Grado D permitirán la matrícula modular para completar los módulos establecidos en el currículo y obtener el correspondiente título de técnico básico, técnico o técnico superior con validez en todo el territorio nacional.

Para obtener un Certificado Profesional (Grado C) es preciso cumplir con los requisitos de acceso para realizar la formación.

Estructura de los Certificados Profesionales

I. Identificación: denominación, familia y área profesional a la que pertenecen; nivel de cualificación profesional (1, 2 o 3); cualificación profesional de referencia; entorno profesional y módulos formativos que esté previsto cursar junto con la duración de cada uno de ellos.

II. Perfil profesional: incluye las competencias profesionales requeridas en el mercado laboral. En todas ellas se concretan las realizaciones profesionales y los criterios de realización.

III. Formación: describe los módulos formativos que esté previsto cursar para adquirir las competencias requeridas. En cada uno de ellos se indican las capacidades que se pretende alcanzar y la duración del módulo de prácticas no laborales —PNL—, para el que cabe solicitar exención si se cumplen determinados requisitos.

IV. Prescripciones de las personas formadoras.

V. Requisitos mínimos de espacios, instalaciones y equipamiento.

Los Certificados Profesionales se identifican con una denominación concreta y un código alfanumérico propio, y sirven para acreditar una determinada cualificación profesional. Cada certificado está asociado a una relación de unidades de competencia que, a su vez, se vinculan con una serie de módulos formativos específicos. Algunos módulos están integrados por unidades formativas y tanto unos como otras son, en ocasiones, transversales, lo que significa que se trata de contenidos incluidos en más de un Certificado Profesional.

Los Certificados Profesionales se articulan en tres niveles de competencia profesional (1, 2 y 3) conforme a lo dispuesto en el que será el Catálogo Nacional de Estándares de Competencias Profesionales, anteriormente Catálogo Nacional de Cualificaciones Profesionales (CNCP), según los criterios establecidos de conocimientos, iniciativa, autonomía y complejidad de las tareas, en cada una de las ofertas de Formación Profesional.

La oferta formativa dirigida a la obtención de los Certificados Profesionales tiene carácter modular para favorecer la acreditación parcial acumulable de la formación recibida y posibilitar así el avance en el itinerario de Formación Profesional para cualquiera que sea la situación laboral de cada persona en cada momento.

En definitiva, el Grado C constituye la oferta, parcial y acumulable, del sistema de Formación Profesional, de varios módulos profesionales del catálogo modular de Formación Profesional por razón de su significado en el mercado laboral y conducente a la obtención de un Certificado Profesional.

Las ofertas de Grado C de Formación Profesional tendrán por objeto módulos profesionales incluidos previamente en el catálogo modular de formación profesional y asociados al Catálogo Nacional de Estándares de Competencias Profesionales.

Finalidad de los Certificados Profesionales

- Contribuir a la ordenación de un Sistema de Formación Profesional al servicio de un régimen de formación y acompañamiento profesionales que sea capaz de responder con flexibilidad a los intereses, expectativas y aspiraciones de cualificación profesional de las personas a lo largo de su vida.

- Combinar escuela y empresa situando a la persona en el centro del sistema.

- Facilitar el aprendizaje permanente de toda la ciudadanía mediante una formación abierta, flexible y accesible, estructurada de forma modular, a través de la oferta formativa asociada al certificado.

- Acreditar las cualificaciones profesionales o las unidades de competencia recogidas en estas, independientemente de su vía de adquisición, bien sea través de la vía formativa, o mediante la experiencia laboral o vías no formales de formación.

- Favorecer, tanto a nivel nacional como europeo, la transparencia del mercado de trabajo.

- Contribuir a la calidad de la oferta de Formación Profesional.

Este libro

El presente libro desarrolla la unidad formativa denominada *Operaciones culturales, riego y fertilización,* UF0003.

Dicha unidad formativa está asociada a la unidad de competencia UC0530_2, forma parte del módulo formativo MF0530_2 *Operaciones culturales y recolección en cultivos hortícolas y flor cortada* perteneciente a la cualificación profesional de referencia AGA166_2, de nivel 2, incluida en el Certificado Profesionalidad denominado (AGAH0108) *Horticultura y floricultura,* dentro de la familia profesional Agraria.

Según el Real Decreto 1375/2008, de 1 de agosto, modificado por el RD 682/2011, de 13 de mayo los contenidos que en esta obra se recogen se corresponden con una duración de 80 horas.

Tanto la estructura como el desarrollo del libro se ajustan al citado real decreto y más concretamente a los contenidos de la unidad formativa que le da título *Operaciones culturales, riego y fertilización,* UF0003.

Contenidos

1. Operaciones culturales en horticultura y floricultura
   - Plantas hortícolas:
     — Fisiología del desarrollo vegetativo, floración y fructificación.
     — Especies y variedades comerciales.
   - Plantas para flor cortada:
     — Fisiología del desarrollo vegetativo.
     — Floración.
     — Especies y variedades comerciales.
     — Laboreo.
     — Repicados.
     — Despuntados y pinzamientos.
     — Blanqueos.
     — Entutorados.
     — Mejora de la polinización.
     — Castración.

— Recalzados o aporcados.

— Escardas.

— Sombreamientos.

— Injertos.

— Tratamiento de residuos vegetales.

2. **El riego de hortalizas y flores**
   - La calidad del agua de riego:
     — Variables que definen la calidad del agua de riego.

     — Toma de muestras de agua.

     — Interpretación de un análisis de agua.
   - Necesidades hídricas de las hortalizas y flor cortada:
     — Evapotranspiración.

     — Factores climáticos que influyen en el balance hídrico.
   - Sistemas de riego:
     — Riego a pie.

     — Riego localizado en superficie y enterrado.

     — Eficiencia del riego.

     — Uniformidad del riego.
   - Cultivos hidropónicos:
     — Funcionamiento de los sistemas hidropónicos.

     — Substratos.

     — Sistemas de manejo.
   - Instalaciones de riego:
     — Estación de bombeo y filtrado.

     — Sistemas de inyección de soluciones nutritivas y sanitarias.

     — Sistema de distribución del agua.

     — Emisores de agua.

     — Manejo y primer mantenimiento de la instalación de riego.

     — Regulación y comprobación de caudal y presión.

     — Limpieza del sistema.

     — Medida de la uniformidad del riego.

     — Medida de la humedad del suelo.

3. **Fertilización de cultivos hortícolas y florales**
   - La fertilidad del suelo.
   - Variables que definen la fertilidad del suelo.
   - Los elementos esenciales.
   - Necesidades nutritivas de los cultivos hortícolas y de flor cortada.
   - Análisis foliar: toma de muestras foliares, interpretación, corrección y consecuencias prácticas del análisis.
   - Extracciones de las cosechas.
   - Elaboración de una recomendación de fertilización.
   - Aplicación de los nutrientes necesarios.
   - Aplicación al suelo.
   - Aplicación por vía foliar.
   - Selección de abonos que se van a emplear.
   - Identificación de la época y el apero con el que se va a realizar la aplicación de abono.
   - Soluciones nutritivas:
     — Cálculo de soluciones nutritivas.
     — Ejemplo de cálculos.
     — Factores que afectan a la solución nutritiva.
     — Medidas de control.
     — Aportación de soluciones nutritivas.
     — Selección, manejo y mantenimiento básico de equipos y herramientas para la aplicación del abonado.
     — Normas medioambientales y de prevención de riesgos laborales en la aplicación del abono.

■ Nota del Editor

En Ediciones Paraninfo estamos comprometidos con la calidad de la formación e intentamos que nuestros materiales respondan fielmente y con rigor a las necesidades de todos cuantos confían en nuestro sello editorial.

Tratamos de dar respuesta a los currículos de las unidades formativas y de los módulos que integran los distintos Certificados Profesionales, equilibrando la parte teórica con la práctica para que los procesos de aprendizaje se conviertan en experiencias gratificantes, tanto para docentes como para las personas inmersas en los procesos formativos.

Nuestros objetivos son contribuir de forma decisiva a afianzar aprendizajes, ayudar a adquirir destrezas que tengan significado para el empleo y conseguir potenciar el desarrollo personal.

Para lograrlo contamos con excelentes autores, expertos en las materias que abordan, en la mayoría de los casos docentes de dichas especialidades con dilatada experiencia tanto profesional como académica, porque buscamos perfiles familiarizados con los contextos laborales concretos a los que se refieren nuestros manuales.

Confiamos en poder serte de ayuda y esperamos tus impresiones acerca de nuestro trabajo. Sean positivas o negativas, serán muy bien recibidas y, sin duda, nos ayudarán a seguir mejorando y trabajando con ilusión para continuar siendo un referente en formación para el empleo.

Agradecemos tu confianza en nuestros manuales. Todo nuestro equipo queda a tu total disposición. Puedes contactar con nosotros en esta dirección de correo electrónico:

info@paraninfo.es

1. Operaciones culturales en horticultura y floricultura

Contenido

1.1. Plantas hortícolas.

1.2. Plantas para flor cortada.

1.3. Laboreo.

1.4. Repicados.

1.5. Despuntados y pinzamientos.

1.6. Blanqueos.

1.7. Entutorados.

1.8. Mejora de la polinización.

1.9. Castración.

1.10. Recalzados o aporcados.

1.11. Escardas.

1.12. Sombreamientos.

1.13. Injertos.

1.14. Tratamiento de residuos vegetales.

1.1. Plantas hortícolas

1.1.1. Fisiología del desarrollo vegetativo, floración y fructificación

Un ciclo vital o biológico es la secuencia completa de las fases de crecimiento y desarrollo de cualquier organismo desde que se forma el zigoto hasta que lo hacen los gametos. Por tanto, se incluyen todos los procesos de reproducción sexual, asexual y vegetativa que tengan lugar en el mismo. En el estudio de los ciclos de vida de las especies vegetales, en general, intervienen varios conceptos (como alternancia morfológica de generaciones, de fases nucleares, de individuos, etc.).

En la mayoría de las plantas, el desarrollo del zigoto produce un organismo, bien sea semejante o diferente de aquel cuyos órganos sexuales lo han producido. Este organismo, una vez que ha llegado al término de su desarrollo, elabora y dispersa unas células, llamadas esporas, cuya germinación engendra directamente a otro nuevo organismo productor de gametos.

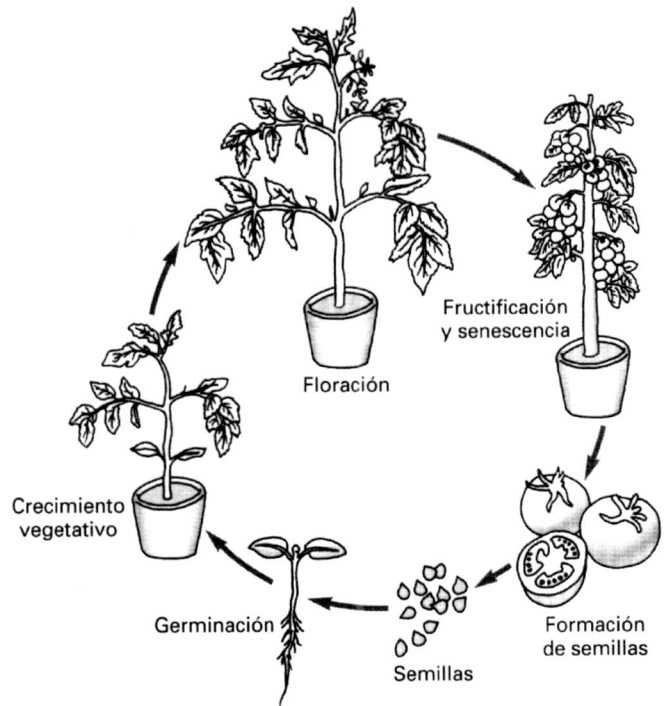

Fig. 1.1. Etapas en el crecimiento y desarrollo de la tomatera.

El desarrollo vegetativo determina la forma y el comportamiento general de la planta, de tal modo que tiene una influencia decisiva sobre la cantidad y calidad producida de frutos, así como en las prácticas culturales. Pero para ello resulta fundamental el conocimiento de señales que lo regulan. El crecimiento y desarrollo de las plantas está regulado por un cierto número de sustancias químicas, cuyo conjunto ejerce una compleja interacción para cubrir sus necesidades básicas. Han sido establecidos cinco grupos de hormonas vegetales:

- Etileno: afecta a la maduración de los frutos.

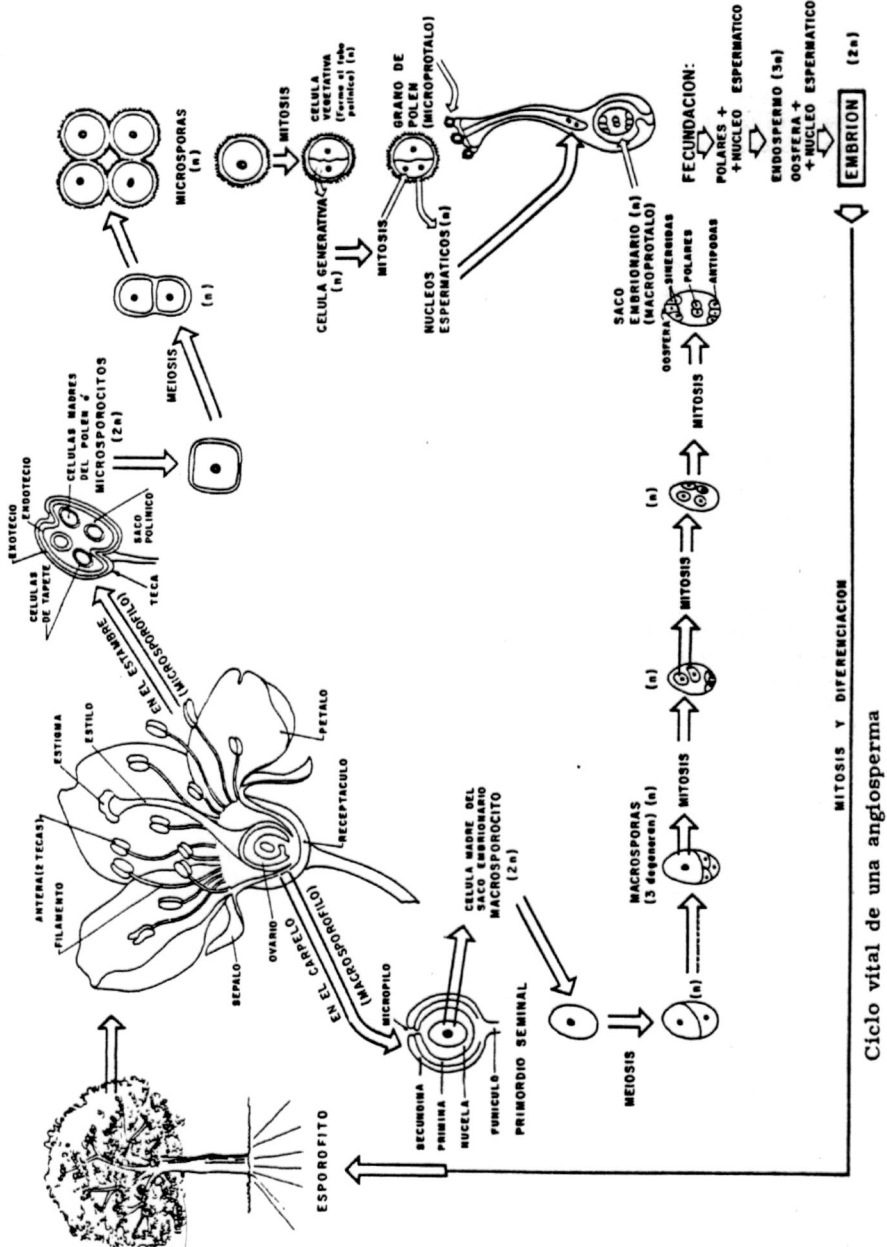

Fig. 1.2. Ciclo de vida de las plantas angiospermas *(J. E. Hernández et al., 1979)*.

- Auxinas: favorecen la elongación de las células mediante procesos de relajación de la pared celular.

- Giberelinas: afectan a la elongación de los tallos.

- Citoquininas: regulan la división celular.

- Ácido abscísico: afecta a los procesos de senescencia y abscisión (caída de hojas y frutos, etc.).

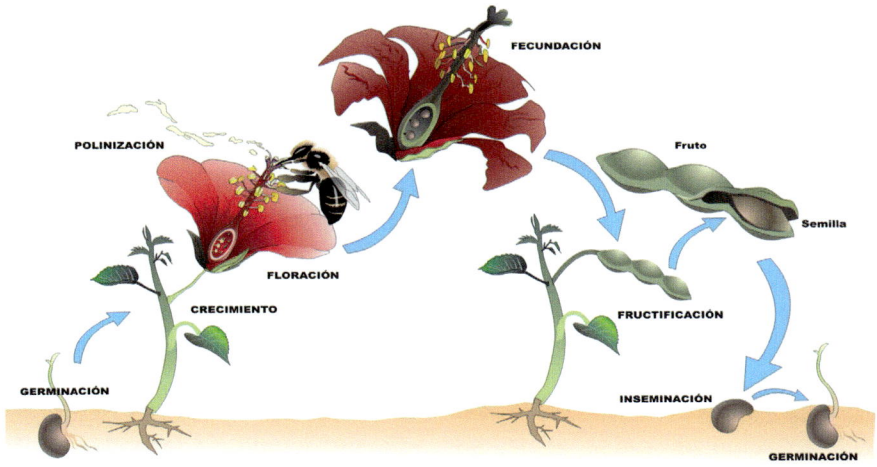

Fig. 1.3. Procesos vegetales.

Una generación es una etapa del desarrollo vegetal que comienza por la unión de dos células reproductoras (gameto y oosfera) dando lugar primero al cigoto y luego al embrión contenido dentro de una semilla que, a su vez, podrá estar encerrada en un fruto, y termina, tras una gran actividad vegetativa, con la producción de otras células reproductoras, diferentes o no de las que han producido la etapa de desarrollo considerada.

La semilla es la estructura resultante tras quedar fecundado el óvulo de las plantas espermatofitas. Cada semilla está formada por el embrión, tejido nutritivo (albumen) y las membranas protectoras (tegumento). La semilla germinará si las condiciones ambientales en las que se sitúa son favorables, iniciando su desarrollo para ser una nueva planta. El embrión está formado por la radícula, plúmula, gémula y los cotiledones.

Fig. 1.4. Bulbo de *Allium sativum* (arriba) y tubérculos de la patata (abajo).

1.1.2. Especies y variedades comerciales

Entre las hortalizas destacan la lechuga (*Lactuca sativa*), sandía (*Citrullus lanatus*), zanahoria (*Daucus carota*), calabaza (*Cucurbita maxima*), cebolla (*Allium cepa*), patata (*Solanum tuberosum*), el tomate (*S. lycopersicum*), pimiento (*Capsicum annuum*), ajo (*Allium sativum*), pepino (*Cucumis sativus*), espárrago (*Asparagus officinalis*), melón (*Cucumis melo*), etc.

1.1.2.1. Hortalizas aprovechables por sus semillas: leguminosas hortícolas

a) *Judía:*

La judía verde corresponde a una planta herbácea de tipo anual, perteneciente al género *Phaseolus*, de la familia de las *leguminosas*, especie *Phaseolus vulgaris*, aprovechable por sus frutos, llamados vainas.

La judía verde prospera bien sobre suelos profundos y frescos, ricos en materia orgánica y de consistencia ligera o media. La temperatura óptima de cultivo está entre los 18 y 28 °C. El pH de suelo más indicado está entre 6 y 7. Es muy sensible a la salinidad tanto en el suelo como en el agua de riego.

La selección varietal se realiza buscando una longitud adecuada y uniformidad de las vainas, ausencia de fibra, menor exuberancia vegetativa, resistencias a plagas y enfermedades o la precocidad. Las vainas pueden ser verdes, amarillas o jaspeadas en rojo.

Para preparar el suelo al trasplante (marzo-abril) se hará una labor no muy profunda y si se aporta estiércol se aprovechará el arado para enterrarlo. Seguidamente se darán dos pases de labor cruzados con el cultivador, la grada o la fresadora y se aportará el abonado de fondo en una de las labores.

La siembra directa se ha sustituido por la realización previa de un semillero, con trasplante a campo cuando presentan desarrolladas las dos primeras hojas verdaderas (tras los cotiledones), pasados unos 10-15 días desde que germina.

b) *Guisante:*

El guisante pertenece al género *Pisum* (tribu *Vicieae*). Actualmente se reconocen dos especies dentro del género: el guisante cultivado *Pisum sativum* y *P. fulvum*. En el cultivado, a su vez, se distinguen dos subespecies: *elatius* y *sativum*, este último con dos variedades botánicas: *arvense* y *sativum*; las variedades comerciales cultivadas en el mundo desarrollado pertenecen a esta última, si bien las de *arvense* han sido y son forrajeras.

El cultivo del guisante se desarrolla entre los 6 y los 30 ºC, con valores de temperaturas óptimas para el desarrollo y la reproducción comprendidos en los intervalos de 16-20 ºC para el día y de 10-16 ºC para la noche. Generalmente no soporta bien temperaturas mayores a los 30 ºC, influyendo negativamente sobre todo en la calidad del grano verde producido. Las variedades tradicionales (de grano) soportan bien las temperaturas invernales, pero evidentemente son un alto riesgo para el verdeo.

Al igual que la mayoría de las leguminosas, los guisantes prefieren suelos bien drenados y aireados, de textura ligera o media, con pH comprendido entre 6 y 7. Los suelos con altos niveles de calcio producen clorosis y endurecen el grano. Es un cultivo muy sensible a la compactación del terreno, reduciendo el crecimiento y el área foliar, así como el número de flores en la planta.

Judías verdes.

Guisantes.

Fig. 1.5. *Pisum sativum* (guisante) y judías verdes (arriba, en recuadro).

Fig. 1.6. *Vicia faba* (haba, en imagen inferior).

c) *Haba:*

El género *Vicia* pertenece, como el guisante, a la tribu *Vicieae* de las fabáceas o leguminosas. No se conoce bajo forma silvestre, por lo que solo se considera una especie: *Vicia faba* L. A diferencia de las dos especies anteriores (judías y guisantes), las habas no tienen zarcillos, ni terminales ni foliares, por lo cual no es una planta que produzca enrames, ya que son sus tallos, angulosos y fuertes, los que mantienen a la planta erecta sin tener que apoyarse sobre nada. Prefieren suelos arcillo-limosos bien drenados, con pH neutros o ligeramente alcalinos, aunque se adaptan a un amplio intervalo de pH (6 a 9), al igual que a suelos franco-arenosos, especialmente si se trata de regiones con altas precipitaciones. Dejan buena estructura y no menos buena cantidad de nitrógeno en el suelo, por lo que tradicionalmente se utilizaban al comenzar la puesta en cultivo de un terreno recién desmontado.

1.1.2.2. Hortalizas aprovechables por sus hojas

a) *Lechuga:*

La lechuga es una planta herbácea de producción anual, que pertenece a la familia de las *Compositae*, el género *Lactuca*, especie *Lactuca sativa*, que se aprovecha por sus hojas dispuestas en cogollo. La temperatura óptima de su cultivo es de unos 20 °C y el pH más indicado está entre 6 y 7. La selección de variedades busca mejorar la resistencia frente a plagas y enfermedades o a la subida de la flor (por temperaturas relativamente altas), mejorar el acogollado, etc. Se realizan semilleros durante febrero-marzo y luego se trasplantan al terreno de cultivo. Antes de llevar a cabo el trasplante se hará una labor profunda en el suelo tras incorporar materia orgánica (estiércol). Habitualmente se realizan dos labores de cultivador, grada o fresadora, incorporando el abonado de fondo en una de las pasadas. El trasplante se realiza cuando las plántulas presentan 2 o 3 hojas verdaderas, y una edad entre 20-25 días en verano y 40-50 días en invierno. Los marcos de plantación pueden variar según el tipo de lechuga cultivada: por ejemplo 2 líneas de plantación a marco 30 × 30 cm por cada metro de anchura, intercalando surcos convexos entre cada par.

b) *Escarola (Cichorium endivia):*

La escarola es una planta herbácea de raíz pivotante, con hojas de muy diversas formas, que no llegan a formar cogollo. En la zona mediterránea se puede cultivar escarola durante todo el año al aire libre, pero en las áreas del interior y el norte de la península se cultiva bajo invernadero durante los meses fríos.

La planta de la escarola se siembra en semillero, en bandejas de poliestireno (polímero termoplástico) de alvéolo piramidal. El acolchado es una práctica común en este cultivo para evitar las malas hierbas y mejorar la calidad obtenida en la producción vegetal, así como para un mayor aprovechamiento del número de hojas por planta, que aumenta el peso por pieza en cosecha.

Los marcos y las densidades de plantación para cultivar escarola varían dependiendo de la variedad empleada, el tipo de cosecha y el destino de consumo (venta en fresco o uso en industria de procesado), oscilando entre 50 000 y 100 000 plantas por hectárea para pesos por pieza que varían desde los 250 gramos hasta los 2 kilos. Pueden cultivarse sobre caballones de 15 cm de alto por 30 cm de base y 70 cm entre líneas.

El trasplante de la escarola se hace cuando la plántula llena el cepellón de raíces y la hoja tiene unos 5 cm de altura. La plantación puede hacerse manualmente o con plantadora.

Fig. 1.7. Lechuga romana (izq.) y escarola (dcha.).

Fig. 1.8. Espinaca (izq.) y acelga (dcha.).

Fig. 1.9. Apio (izq.) y rama de perejil (dcha.).

c) *Espinaca:*

La espinaca (*Spinacia oleracea*) es una planta herbácea con raíz pivotante, poco ramificada y de desarrollo superficial, que forma una roseta de hojas pecioladas. El tallo puede alcanzar los 15-25 cm de altura antes de desarrollar un escapo floral. En general se trata de un cultivo adaptado a climas frescos, no tolerando el calor en exceso. La espinaca requiere suelos con buena estructura y buen drenaje. Un terreno tendente a producir encharcamientos dificultaría el desarrollo del cultivo, produciendo amarillez en las hojas. Debe optarse por suelos ricos en materia orgánica y de pH neutro; presenta dificultades en suelos arcillosos y muy arenosos. La espinaca se suele cultivar sobre mesetas de 1,5 m de ancho útil, que se distancian entre sí por medio de roderas.

d) *Acelga:*

Las acelgas (*Beta vulgaris* var. *cycla*) presentan un sistema radicular profundo y unas hojas grandes de forma oval acorazonada, con un pecíolo ancho y largo, que se prolonga en el limbo, siendo las hojas la parte comestible de la planta.

Es un cultivo de clima templado, que vegeta bien con temperaturas medias y le perjudican bastante los cambios térmicos bruscos. La acelga necesita suelos de consistencia media; vegeta mejor cuando la textura tiende a ser arcillosa que cuando es arenosa. Requiere suelos que sean profundos, permeables, con gran poder de absorción y ricos en materia orgánica. Es un cultivo que soporta muy bien la salinidad, resistiendo bien a cloruros y sulfatos. Requiere suelos algo alcalinos, con un pH óptimo en torno al neutro (7), vegetando en buenas condiciones para valores de pH comprendidos entre 5,5-8; no tolera suelos ácidos.

Dentro de las variedades de acelga hay que distinguir varias características:

- Color del pecíolo: blanco/amarillo.
- Color de la hoja: verde oscuro, verde claro, amarillo.
- Grosor del pecíolo: tamaño y grosor de la hoja.
- Resistencia a la subida de la flor.
- Recuperación rápida tras el corte de hojas.
- Precocidad.

La acelga requiere suelos bien acondicionados para mostrar su mejor desarrollo y producción. Es muy sensible al apelmazamiento y encharcamiento del suelo, de forma que cuando se da, el desarrollo de la planta se ve reducido y la producción vegetal (hojas) disminuye notablemente. Por esta característica de la planta, y por la duración relativamente amplia de su cultivo, es vital una perfecta preparación del suelo, en profundidad, eliminando las posibles suelas de labor y dotando de una estructura suficiente para todo el ciclo de cultivo.

e) *Apio:*

El apio presenta un sistema radicular compuesto por un órgano principal dotado de una raíz pivotante muy desarrollada, de naturaleza fibrosa y carnosa, complementado por otro secundario, adventicio muy profuso y localizado a nivel superficial. En los crecimientos iniciales de la planta, el tallo se muestra como un disco basal desde donde se generan las hojas, muy lustrosas, alternas, a modo de roseta. Aunque es una especie que admite cualquier tipo de suelos, el apio presenta sensibilidad a los encharcamientos, por lo cual es importante realizar una buena preparación del terreno (desfonde con subsolador, arado de vertedera, gradeo, fresado, etc.) para conseguir dejar esponjosos todos los horizontes edáficos donde se desarrolla el sistema radicular.

f) *Perejil:*

El perejil es una especie perteneciente a la familia de las umbelíferas y cuyo nombre científico es *Petroselinum sativum*. Se trata de una planta bianual, erecta, glabra, de raíz pivotante, con hojas en roseta muy pecioladas. En el segundo año de cultivo emite un tallo floral que puede alcanzar unos 80 cm de altura, dando inflorescencias en umbela. Es una planta sensible a las heladas, a la sequía y a los fuertes vientos. En relación al tipo de suelos, no le convienen los terrenos arcillosos ni los excesivamente ligeros. Prefiere terrenos de textura media, ricos en materia orgánica y frescos. La siembra puede hacerse a voleo o en líneas equidistantes a 25-30 cm. En el primer caso, la dosis de siembra suele ser de unos 15 kg/ha. Los rendimientos medios que se consiguen con este cultivo son de unas 30 t/ha.

g) *Coles-repollo:*

Las coles-repollo de hoja lisa se denominan botánicamente como *Brassica oleracea* var. *capitata*, mientras que las coles repollo de hoja rizada o de Milán se corresponden con *Brassica oleracea* var. *bullata* o *sabauda*. Las coles-repollo presentan tallos erguidos y poco ramificados, con hojas color verde glauco o rojizas, de bordes ligeramente aserrados y forma casi oval. Como consecuencia de la hipertrofia de la yema vegetativa terminal y de la disposición superior de las hojas, la planta forma unos cogollos de hojas muy apretadas, en donde se acumulan reservas nutritivas. Las hojas están más apretadas en los repollos de hoja lisa. Para el caso de las coles de Milán, las hojas son ásperas al tacto y de aspecto rizado. En algunos cultivares de repollos de hoja lisa, el color de sus hojas es amoratado y son denominados genéricamente como «lombardas». Para todas las coles-repollo, el marco de plantación es de 2 a 4 plantas/m².

h) *Coles de Bruselas:*

El nombre científico de las coles de Bruselas es el de *Brassica oleracea* var. *gemmifera*. La col de Bruselas desarrolla un tallo que puede medir entre 0,5 y 1 m, a lo largo del cual surgen una serie de hojas largamente pecioladas, de limbos ovales o redondeados y que termina en una roseta de hojas. En las axilas de las hojas laterales existen unas yemas foliáceas que a lo largo del ciclo vegetativo se hipertrofian, formando unos cogollos laterales de pequeño tamaño, muy apretados, a modo de mini repollos, los cuales reciben el nombre de «coles de Bruselas» (2-4 cm de diámetro) y constituyen los órganos de aprovechamiento para esta hortaliza. El marco de plantación es de unos 70 × 50 cm.

i) *Endibia:*

La endibia o achicoria de Bruselas es una planta vivaz, perteneciente a la familia de las asteráceas, cuyo nombre botánico es *Cichorium intybus* var. *foliosum*. El cultivo de las endibias comprende dos fases:

- Formación de las raíces.

- Forzado para la obtención de pellas con hojas blanquecinas.

Fig. 1.10. Coles-repollo.

Fig. 1.11. Coles de Bruselas.

Fig. 1.12. Endibia.

El sistema radicular está formado por una raíz primaria pivotante, larga, gruesa, de forma cónica o fusiforme y por numerosas raíces finas de tipo secundario. Las hojas arrancan del cuello de la raíz, con una coloración que va desde verde oscuro al amarillo claro. Las endibias tienen preferencia por suelos de textura limosa, ligeros, profundos, bien aireados y sin encharcamientos, con un pH neutro o ligeramente alcalino y con niveles medios de materia orgánica.

j) *Cebollino:*

El cebollino (*Allium schoenoprasum*) es una planta herbácea de la familia de las aliáceas de la que se utilizan solo las hojas picadas como especie aromática. Su bulbo tiene un sabor muy similar al de la cebolla blanca o común pero es de menores dimensiones y no tiene uso alimentario.

k) *Cardo:*

El cardo comestible (*Cynara cardunculus*) es una especie de las asteráceas, muy similar a la alcachofa. Es una planta perenne y vivaz con raíz tuberosa, gruesa y larga; en su primer año produce una roseta de grandes hojas, con haces de color verde y blanquecinas por el envés, que presentan el pecíolo y la nervadura principal muy desarrollados. El cardo común se cultiva en muchas huertas españolas, normalmente de pequeñas dimensiones, y requiere de tierras bien abonadas.

Es una planta de ciclo anual con hojas grandes y espinosas como las que presentan las alcachofas. Prefiere climas cálidos y suelos frescos, profundos y fértiles. El cardo se multiplica únicamente por semillas, que son grandes, aplastadas y angulosas. El cuello de la planta, o zona que une al tallo con la raíz a nivel superficial, se debe cubrir con tierra, operación que toma el nombre de aporcado.

En la primavera se desaporca y a fines de verano, cuando el desarrollo de las hojas es completo, se realiza el «blanqueo», cuya operación tiene por finalidad el obtener cogollos de color blanco, al impedirse la formación de clorofila; para ello se unen las hojas haciendo tres ataduras no apretadas, cubriéndose con papel y otro material opaco y a los 20-30 días ya pueden cosecharse los cardos blancos. Las hojas del cardo aporcadas es lo que se consume como verdura. Se blanquean en un mayor o menor tiempo según las condiciones ambientales y no conviene prolongar excesivamente su aporcado porque las hojas correrían peligro de putrefacción.

Fig. 1.13. Cebollino (izq.) y cultivo del cardo (dcha.).

1.1.2.3. Hortalizas aprovechables por sus frutos

a) *Pimiento:*

El pimiento es una planta herbácea perenne cultivada como anual, perteneciente a la familia *Solanaceae*, género *Capsicum*, especie *Capsicum annuum*, aprovechable por sus frutos: los pimientos. Tiene preferencia por el mismo tipo de suelo anterior. La temperatura óptima de cultivo está entre los 16 y 28 ºC. El pH de suelo más indicado está entre 5,5 y 7. Tolera una ligera salinidad en el suelo. La selección varietal se realiza en función de la calidad y uniformidad de los frutos, la resistencia frente a plagas y enfermedades, tallos erectos, menor desarrollo vegetativo y precocidad.

El cultivo de pimiento al aire libre se realiza en el mes de abril, trasplantando la producción de un semillero (plántulas de 35-45 días, con 3 hojas verdaderas). Para preparar el suelo de plantación se hará una labor profunda y si se aporta estiércol se aprovechará el arado para enterrarlo. A continuación se darán un par de labores con un cultivador, una grada o una fresadora, aportando el abonado de fondo en alguna de las pasadas.

b) *Tomate:*

El tomate corresponde a una planta herbácea de producción anual, perteneciente al género *Solanum*, familia *Solanaceas*. La especie más cultivada es *Solanum licopersycum* (antes denominado *Licopersycum esculentum*) y el cultivo es aprovechable por sus frutos. Prospera bien sobre suelos de casi cualquier consistencia, profundos, necesariamente con buen drenaje interior. Vegeta mejor cuando el contenido de materia orgánica es moderado. La temperatura media de cultivo está entre los 20 y los 25 ºC. El pH más indicado está entre 5,5 y 6,5, siendo tolerante a unos contenidos moderados de sal en el suelo. Se utilizan semillas de híbridos obtenidos por casas comerciales acreditadas, apareciendo continuamente nuevas variedades. El cultivo al aire libre se realiza durante la primavera (siembra-trasplante), sobre todo en huertos familiares. Para preparar el suelo de cultivo se hará una labor profunda y a continuación se darán un par de pases cruzados de cultivador, grada o fresadora, con el aporte de un abonado de fondo en una de ambas labores.

c) *Berenjena:*

La berenjena (*Solanum melongena*) pertenece a la familia de las solanáceas y es una planta plurianual cultivada como anual. Posee un sistema radicular muy potente, desarrollado y profundo, siendo una planta más leñosa que la tomatera. Tiene un crecimiento lento e indeterminado, pudiendo llegar a los 2 m de altura. Su tallo es erecto o rígido, espinoso, ramificado y lignificado, con hojas aterciopeladas y de gran tamaño. El fruto es una baya carnosa de diversas formas (cilíndrica, ovoide, casi esférica) y colores (violeta, negro, morado), según variedades. Las semillas son pequeñas, aplastadas y de color parduzco.

Se trata de una planta que resiste muy bien las altas temperaturas y requiere de suelos ricos, profundos y bien drenados. Es medianamente tolerante a la salinidad y a un amplio rango de pH (5,5-8), resistiendo bien los terrenos pesados. Es aconsejable un pase de subsolador, seguido de pase de grada o fresadora y realizar la preparación del terreno y marcado para definir las hileras de plantación, que se pueden realizar en llano o haciendo unos pequeños surcos.

d) *Sandía:*

Pertenece a la familia de las cucurbitáceas y recibe varios nombres científicos, aunque las variedades cultivadas actualmente se consideran dentro de *Citrullus lanatus* var. *lanatus*. Es una planta de ciclo anual, con una raíz principal profunda y manteniendo un sistema radicular secundario en superficie.

Sus tallos están recubiertos de pelos y provistos de zarcillos y se distribuyen rastreramente por el suelo, pudiendo desarrollarse a más de 3 m respecto a la base de la planta. Presenta hojas muy características de apariencia redondeada, con el haz liso y de tacto suave, mientras que su envés tiene un aspecto áspero y pilosidades. El fruto es una baya globulosa de tamaño variable, con pulpa generalmente rosada o rojo oscuro, aunque hay cultivares con pulpa de color amarillo y naranja. Las semillas aplastadas y redondeadas aparecen insertas en la pulpa, generalmente de color marrón oscuro. La sandía es una planta muy sensible a las bajas temperaturas y tiene mayores exigencias higrométricas que la planta de melón, necesitando entre un 60-80 % de humedad relativa.

El diseño de las plantaciones considera el mantenimiento de pasillos o calles cada 3 hileras, para en el momento de la recolección poder entrar con tractores, estableciendo una pequeña cadena de 3 a 4 operarios para llenar las cajas.

Fig. 1.14. Cultivo del pimiento.

Fig. 1.15. Cultivo del tomate.

Fig. 1.16. Cultivo de la berenjena.

Fig. 1.17. Cultivo de sandía (foto superior), melón (abajo) y calabacín (centro).

e) *Melón:*

La planta de melón pertenece a la familia de las cucurbitáceas y su nombre científico es *Cucumis melo*, siendo una especie termófila y que necesita calor. Es una planta con un sistema radicular abundante y ramificado, de crecimiento rápido, donde algunas raíces pueden alcanzar profundidades de hasta 1,20 m, aunque la mayor parte del sistema radicular se sitúa en los primeros 30-40 cm del suelo. Sus tallos pueden ser trepadores o rastreros en función de los zarcillos y son vellosos al igual que sus hojas. El fruto del melón es una infrutescencia denominada pepónide, que se puede dividir en piel (puede mostrar diferentes colores y texturas), placenta (dividida en 3-4 lóbulos dobles, donde se sitúan las semillas) y pulpa (de diferente color).

Las formas, coloraciones, textura superficial y dimensiones del fruto son muy variables. Las semillas ocupan la cavidad central del fruto, son fusiformes, aplastadas y de color blanco o amarillento. La composición en azúcares de los frutos a lo largo de su desarrollo y maduración es un aspecto primordial en la determinación del punto o momento óptimo de madurez y recolección del melón, siendo algo complejo.

La clasificación comercial de los melones españoles por tipos puede fijarse de la siguiente forma:

- Melón amarillo: de origen español, piel amarilla y pulpa color blanco cremoso. A su vez se divide en dos grupos:

    — Amarillo rugoso: forma oval y tamaño grande.

    — Amarillo redondo liso: frutos redondos lisos de alrededor de 1 kg.

- Melones verdes españoles: color verde más o menos oscuro, forma alargada y elevado tamaño (1,5 a 3 kg). Se distinguen 3 grupos:

    — Rochet: pulpa color verde de consistencia mantecosa y aromático.

    — Piel de sapo: pulpa verde y crujiente.

    — Tendral: variedad tardía, color verde oscuro y piel muy rugosa, dura y pulpa verde.

f) *Calabacín:*

El calabacín pertenece a la familia de las cucurbitáceas, especie *Cucurbita pepo* ssp. *pepo* var. *condensa* o var. *melopepo*. El fruto es una baya, en forma de pepónide carnosa, sin cavidad central, normalmente alargada y cilíndrica y con una epidermis lisa y muy delicada. Su color puede ser verde, con diversos tonos (blanco, amarillo, jaspeado, etc.). Algunos cultivares pueden ofrecer formas distintas (redondas, achatadas y verrugosas). Presenta una raíz principal de grandes dimensiones en relación con el tamaño de las raíces secundarias.

En el tallo se insertan las hojas, que son grandes, palmeadas y con el borde aserrado, las cuales presentan el haz glabro y el envés de tacto irritante. Como marco de plantación puede utilizarse 1-1,5 m entre líneas de cultivo con una separación de 0,8-1 m entre plantas de una misma hilera.

g) *Calabaza:*

Bajo esta denominación se incluyen varias especies y variedades botánicas pertenecientes al género *Cucurbita*. Son plantas herbáceas anuales, de porte rastrero, a veces trepador, de tallos largos con sección angulosa o cilíndrica, cuya superficie se presenta cubierta de pelos y provistos de zarcillos. El sistema radicular es profundo en su raíz pivotante principal, manteniendo una distribución fasciculada y superficial en el resto. El tallo se propaga rastreramente por el suelo, pudiendo desarrollarse más de 3 m respecto a la base de la planta. Las hojas presentan un gran tamaño, están cubiertas de pelos, tienen un limbo más o menos anguloso, según la especie, y un pecíolo largo. Los frutos adquieren formas muy variadas dependiendo de la especie, siendo una baya globulosa de tamaño variable con una pulpa generalmente anaranjada o amarillenta. Las semillas están situadas en la cavidad central del fruto y generalmente son de color blanco-crema o de colores claros. Entre las especies más cultivadas, destacan: *Cucurbita máxima*, *C. moschata*, *C. ficifolia* y *C. argyrosperma*.

El sistema radicular de la calabaza puede alcanzar bastante profundidad, por lo que la preparación del terreno debe comprender algunas labores que remuevan horizontes profundos. Es bastante habitual el empleo de subsoladores y tras ellos aplicar pases de grada o fresadora, pudiendo utilizarse también el arado de vertedera seguido de varios pases de grada. Con las primeras labores profundas puede incorporarse algo de materia orgánica, ya que la calabaza suele responder de manera muy satisfactoria. El marco de plantación a utilizar dependerá mucho de la especie cultivada, el vigor de la planta, el tamaño del fruto y el destino de la producción. El marco de plantación puede variar desde 3 × 1,5 m (regadío) a 5 × 5 m (secano).

h) *Fresa y fresón:*

La palabra fresón se utiliza en castellano para denominar a la especie *Fragaria x ananassa*, de hojas, flores e infrutescencias (frutos) grandes, para diferenciarla de las especies de hojas, flores y frutas pequeñas denominadas comúnmente fresas, que incluye a las especies *Fragaria vesca*, *F. moschata*, etc. Tanto las fresas como los fresones pertenecen a la familia de las rosáceas.

Son especies vivaces, que se perpetúan a través de los estolones que produce la planta en determinadas condiciones ambientales. Tienen un sistema radicular fasciculado que se desarrolla muy superficialmente. Desde un punto de vista fisiológico, las plantas de fresón se comportan como un frutal caducifolio, aunque no suelen perder las hojas con facilidad.

i) *Pepino:*

El pepino pertenece a la familia de las cucurbitáceas, cuyo nombre botánico es *Cucumis sativus*. Es una planta herbácea trepadora de ciclo anual. Presenta un sistema radicular muy potente, que consta de raíz principal, cuyo órgano se ramifica rápidamente para dar lugar a raíces secundarias que se desarrollan superficialmente, muy finas, alargadas y de color blanco. Los tallos son angulosos y espinosos, de porte rastrero y trepador, y pueden alcanzar más de 3 metros de longitud. En cada nudo del tallo se desarrollará una hoja y un zarcillo. Las hojas presentan un largo pecíolo y un gran limbo acorazonado.

El fruto es un pepónide áspero o liso, dependiendo de la variedad, que vira desde un color verde claro, pasando por un verde oscuro hasta llegar a un color amarillento cuando está totalmente maduro, aunque su recolección debe realizarse antes de alcanzar su madurez fisiológica. La pulpa es acuosa, de color blanquecino, con semillas en su interior que se reparten interiormente por todo el fruto. Estas semillas están presentes en cantidad variable y son ovales, algo aplastadas y de color blanco-amarillento. El pepino puede cultivarse sobre cualquier tipo de suelo con una estructura suelta, bien drenado y con suficiente materia orgánica. El pH óptimo va de 5,5 a 7.

Fig. 1.18. Calabazas.

Fig. **1.19**. Fresa.

Fig. **1.20**. Pepino.

1.1.2.4. Hortalizas aprovechables por sus raíces y/o tubérculos

a) *Patata:*

La patata cultivada pertenece a la familia *Solanaceae*, pariente del tomate, pimiento, la berenjena, petunia, mandrágora o belladona, por nombrar alguna de las más de 2000 especies pertenecientes a esta familia.

La mayoría de las variedades de patata cultivadas actualmente pertenecen a la especie *Solanum tuberosum*. La patata es una planta dicotiledónea, herbácea y anual, pero puede ser considerada como perenne potencial, debido a su capacidad de reproducirse vegetativamente por medio de tubérculos.

La planta de patata está compuesta por una parte aérea que crece sobre suelo, en la que destacan tallos, hojas, flores y frutos, y otra parte que crece subterránea y que corresponde a estolones, tubérculos y raíces.

Aunque la patata puede multiplicarse por semillas y por esquejes, en la práctica, la multiplicación es casi siempre vegetativa, haciéndose por medio de los tubérculos, que producen brotes en las yemas. Este cultivo requiere de terrenos bien mullidos y aireados, por lo que las labores preparatorias del suelo serán en profundidad y se realizarán con el tempero adecuado para que pueda quedar muy fino.

En cuanto a la textura del terreno, lo ideal son suelos francos, pero este cultivo prefiere los sueltos y arenosos a los fuertes y arcillosos. La preparación adecuada del terreno será un factor fundamental en la producción final obtenida.

El cultivo de la patata prefiere suelos ricos en humus, pero los restos vegetales o la materia orgánica sin descomponer, o el estiércol poco hecho, suelen producir problemas fitosanitarios, debidos normalmente al ataque de hongos; en cambio, son malos los suelos fuertes y compactos porque no permiten la aireación y el intercambio de gases. El pH ideal del terreno para este cultivo está comprendido entre 5,5 y 7.

La patata es una planta poco exigente a las condiciones edáficas, afectándole solamente los terrenos compactados y pedregosos, ya que los tubérculos no pueden desarrollarse libremente al encontrar un obstáculo mecánico en el suelo.

b) Nabo:

Los nabos pertenecen a la familia botánica de las crucíferas y su nombre científico es *Brassica rapa* subsp. *rapa*. Es una planta erecta bienal, con hojas normalmente hendidas y de márgenes festoneados.

Presenta un sistema radicular formado por una raíz gruesa, carnosa, cuya piel puede ir manchada con diversos colores. El tallo crece antes de la floración con una roseta de hojas; posteriormente, cuando florece la planta, el tallo se alarga hasta 0,5-1 m de altura.

El nabo requiere de un clima fresco y húmedo, por lo que las altas temperaturas de verano le afectan de forma negativa. Los terrenos excesivamente ligeros, pedregosos o con un contenido excesivo en caliza originan raíces fibrosas y de mal sabor.

Fig. 1.21. Cultivo de la patata: planta (izq.) y tubérculos (dcha.).

Fig. 1.22. Cultivo del nabo.   Fig. 1.23. Cultivo del rábano.

c) *Rábano:*

El rábano pertenece a la familia botánica de las crucíferas, de nombre científico *Raphanus sativus*. El sistema radicular consta de una raíz gruesa, carnosa, muy variable de forma (napiforme, globosa) y tamaño (corta, larga, etc.), cuya piel es roja, rosada, blanca, pardo-oscura o manchada de diversos colores. El rábano es el tubérculo radicular que se consume y, por lo tanto, está bien sujeto al suelo.

d) *Colinabo (Brassica campestris, var. napobrassica):*

La pulpa de la raíz del colinabo es habitualmente amarilla, pero a veces también puede ser blanca y la piel es generalmente púrpura, beige o una combinación de ambos. Los suelos apropiados para el cultivo del colinabo deben ser sueltos, profundos, ricos en materia orgánica y con pH superior a 6,5. Es un cultivo que se adapta muy bien a unas condiciones frías y húmedas.

e) *Zanahoria:*

La zanahoria (*Daucus carota*) es una especie originaria de Asia Central (Afganistán) y el este mediterráneo. Es un cultivo que presenta gran sensibilidad medioambiental; así, después de la nacencia no tolera muy bien las altas temperaturas. Prefiere suelos ricos, de textura ligera o media y los terrenos excesivamente compactos provocan menor longitud y engrosamiento de las raíces, así como una mayor proclividad a desarrollar enfermedades criptogámicas. La siembra se debe realizar con sembradoras neumáticas de precisión, ya que son las más adaptadas para este cultivo y permiten un trabajo muy preciso. La zanahoria no es un cultivo que necesite de muchas labores una vez implantado. Con el objetivo de airear el suelo y eliminar las malas hierbas pueden darse uno o varios pases de labor entre líneas/lomos, con fresadora o cultivadores.

f) *Chirivía:*

La chirivía (*Pastinaca sativa*) es un vegetal muy relacionado con la zanahoria y el perejil. Es una planta bienal, aunque generalmente se cultiva como anual. Su raíz tuberosa es alargada, tiene la piel y la carne de color crema y se puede dejar en el suelo cuando madura, ya que se vuelve más dulce y mejora el sabor después de las heladas invernales. En condiciones normales, la chirivía desarrolla primero una roseta de hojas y almacena, posteriormente, sus reservas en la propia raíz, que debe cosecharse antes de que la planta emita el tallo floral y por tanto la raíz se lignifique.

g) *Remolacha de mesa:*

La remolacha de mesa es una planta bianual perteneciente a la familia de las quenopodiáceas y cuyo nombre botánico es *Beta vulgaris*. Durante su primer año desarrolla una gruesa raíz napiforme y una roseta de hojas; en el segundo año emite una inflorescencia ramificada (panícula), pudiendo alcanzar esta hasta un metro de altura.

h) *Batata o boniato:*

En España se hace la distinción entre variedades de piel roja, llamadas batata, y las de piel y carne blancas, denominadas boniato, aunque ambas pertenecen a la misma especie: *Ipomoea batatas*. Es una planta de clima cálido y se ve muy afectada por el frío.

La raíz tuberosa, el boniato, no tiene periodo de dormición y si las condiciones de temperatura y humedad ambiental son las adecuadas, es cuando se produce la brotación. Generalmente, de los brotes se obtienen los esquejes para la multiplicación vegetativa de las plantas.

Fig. 1.24. Planta de colinabo.

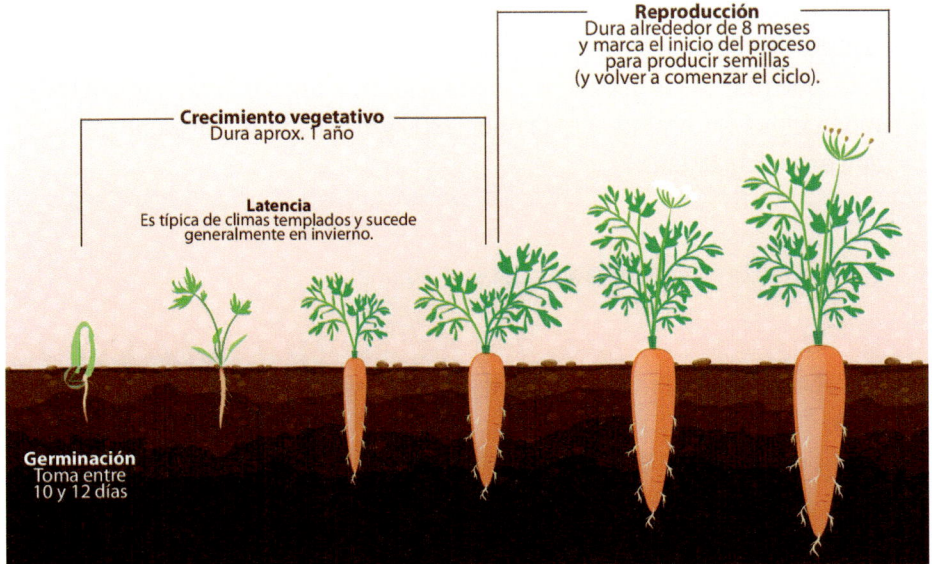

Fig. 1.25. Ciclo de vida de la zanahoria.

Fig. 1.26. Chirivía.

Fig. 1.27. Cultivo de la remolacha.

Fig. 1.28. Cultivo del boniato.

Fig. 1.29. Chufas.

i) *Chufa:*

La chufa es la variedad botánica *sativus* de *Cyperus esculentus*, originaria de Oriente Próximo. El objetivo de las labores preparatorias es conseguir un suelo suelto, aireado, nivelado, con cantidad adecuada de materia orgánica y de macronutrientes, así como libre de malas hierbas. La plantación suele realizarse con el suelo en tempero, utilizándose una «sembradora de platos» que realiza los caballones, distanciados a unos 60 cm, y deposita los tubérculos (aproximadamente unos 120 kg/ha) cada 10 cm a una profundidad entre 5 y 10 cm.

1.1.2.5. Hortalizas aprovechables por sus bulbos

a) *Cebolla:*

La cebolla, de nombre científico *Allium cepa* var. *cepa*, pertenece a la familia de las liliáceas y al género *Allium,* del que hay más de 500 especies, muchas de las cuales tienen bulbos como órganos de almacenamiento.

Es una planta bienal, monocotiledónea, de polinización cruzada que, bajo condiciones normales, se cultiva como anual para recolectar sus bulbos, y como bianual, cuando se desea producir semillas. El sistema radicular es fasciculado, corto y poco ramificado. Las raíces son blancas y están continuamente desintegrándose y siendo reemplazadas por otras nuevas.

No profundizan en el suelo más de 30-60 cm y la mayoría no pasan de 20-25 cm ni se separan más de 15 cm del centro del bulbo. El tallo es hipogeo, tiene forma cónica y presenta entrenudos muy cortos, del cual nacen coronas de raíces y en cuyo ápice van formándose las nuevas hojas. Las hojas no tienen pecíolo y están formadas por dos partes: una inferior o vaina envolvente y otra superior, hueca, redondeada y con sus bordes unidos.

Las hojas inferiores están en la parte subterránea, formando escamas y se unen al tallo por una base amplia. El conjunto de las vainas envolventes forma el bulbo, que corresponde a un órgano de reserva en donde se acumulan carbohidratos. Está constituido por las capas blancas que forman la cebolla y por las vainas de las hojas externas, que tienen consistencia membranosa y sirven como capas de protección.

La mayor parte de las cebollas cultivadas en España se producen para comercializar como «secas» y casi toda la exportación corresponde a esta modalidad. En este tipo se distinguen comercialmente varios grupos de variedades.

La cebolla tierna es un bulbo que se arranca cuando todavía no ha completado su engrosamiento, tiene las hojas verdes y, por supuesto, no ha llegado aún a la fase de maduración.

b) *Ajo:*

El ajo pertenece a la familia de las liliáceas y su nombre científico es *Allium sativum*. Se trata de una planta con una taxonomía complicada, de ciclo bienal y con unas raíces blancas muy numerosas, fasciculadas y poco profundas; el tallo está representado, al igual que sucede con la cebolla, por una masa vegetal aplastada que se llama «disco». El bulbo está formado por una serie de unidades elementales o «dientes», recubiertos cada uno por una túnica protectora de color variable, y todo el bulbo, a su vez, de túnicas exteriores que forman conjuntamente una capa envolvente y que suelen ser de color blanquecino.

Fig. 1.30. Cebollas.

Fig. 1.31. Ajos.

Fig. 1.32. Puerro.

Una «cabeza» de ajos puede pesar entre 30 y 100 gramos, estando constituida por 8-14 «dientes». Las hojas del ajo son ligeramente acanaladas, casi
macizas, y son sus partes inferiores las que constituyen el bulbo.

c) *Puerro:*

El puerro pertenece a la familia de las liliáceas y su nombre científico es
Allium ampeloprasum var. *porrum*. Se trata de una planta cuya proceden-
cia se supone que radica en Europa y Asia Occidental, conocida desde hace
siglos.

Es una planta bianual de raíces abundantes y blancas, tallo en «disco», bulbo único membranoso de forma oblonga, hojas planas y abiertas hacia su
parte superior que pueden alcanzar los 40-50 cm de altura, no unidas por
los bordes e insertas al tallo en forma dística. Su cultivo se adapta bien a terrenos de consistencia media, con suelos profundos, frescos y ricos en materia orgánica.

d) *Cebolleta:*

La cebolleta, cuyo nombre científico es *Allium fistulosum*, es una planta vivaz de morfología muy similar a la cebolla, pero de menor tamaño, formando un bulbo menos pronunciado y más alargado. La hoja es perfectamente
circular a diferencia de la cebolla común (*A. cepa*).

e) *Ascalonia o escalonia:*

La ascalonia, también llamada chalote/a, es una especie de la familia de las
aliáceas, cuyo nombre científico es *Allium cepa* var. *aggregatum*. Su parte comestible se sitúa en la base de las hojas, donde se forman bulbos ao-
vados con un aspecto y sabor entre la cebolla y el ajo, con un tamaño más
próximo a este último. Los bulbos de ascalonia se obtienen por separación
de otros bulbos.

Fig. 33. Cultivo de cebolleta (izq.) y chalota (dcha.).

1.1.2.6. Hortalizas aprovechables por sus inflorescencias

a) *Alcachofa:*

La alcachofa es una planta vivaz con rizoma subterráneo, del cual parte una raíz carnosa, capaz de almacenar sustancias de reserva, y unos tallos cortos con hojas en roseta. Presenta raíces gruesas, cónicas y alargadas, bastante crasas, que permiten a la planta poder aguantar bien los periodos de sequía. Las inflorescencias en capítulos, cuando están tiernas y cerradas, constituyen la parte comestible de la planta, cuyo cultivo se puede mantener 2 o 3 años. La multiplicación suele hacerse por vía vegetativa, utilizando esquejes o hijuelos.

b) *Brócolis:*

El brócoli pertenece a la familia de las crucíferas y su nombre botánico es *Brassica oleracea* var. *botrytis* y subvar. *cymosa*. Es una planta similar a la coliflor, aunque las hojas son más estrechas y más erguidas, con pecíolos generalmente desnudos, limbos normalmente con los bordes más ondulados, así como nervaduras más marcadas y blancas; pellas claras o ligeramente menores de tamaño, superficie más granulada, y constituyendo conglomerados parciales más o menos cónicos que suelen terminar en este tipo de formación en el ápice.

c) *Coliflor:*

El nombre científico de la coliflor el de *Brassica oleracea* var. *Botrytis*. En la coliflor, las hojas son enteras o algo hendidas, oblongas o elípticas, a veces con rizaduras en los bordes, ligeramente festoneadas y muy enhiestas hacia arriba. Los tallos terminan formando una masa voluminosa de yemas preflorales, hipertrofiadas, muy prietas unas contra otras, de color blanco, que son en realidad un órgano prerreproductor. En la coliflor, la densidad de plantación oscila entre 1,5-4 plantas/m².

Cuando se aplica un riego por surcos, la plantación se suele realizar en líneas individuales con una separación entre hileras de 50-80 cm, variando en mayor medida la distancia entre plantas dentro de la línea para conseguir el marco de plantación deseado. Si se utiliza riego localizado, lo normal es realizar la plantación en líneas pareadas, dejando 1-1,2 m entre los ejes de los caballones.

Fig. **1.34**. Alcachofa (izq.) y brócoli (dcha.).

Fig. **1.35**. Coliflor.

1.1.2.7. Hortalizas aprovechables por sus tallos

a) *Espárrago:*

El espárrago pertenece a la familia de las liliáceas, cuyo nombre botánico es *Asparagus officinalis*. Es una planta herbácea perenne cuyo cultivo dura bastante tiempo en el suelo, en torno a 8-10 años. La planta del espárrago está formada por tallos aéreos ramificados y una parte subterránea constituida por las raíces y yemas.

Fig. 1.36. Cultivo del espárrago.

b) *Hinojo:*

El hinojo pertenece a la familia de las umbelíferas y su nombre científico es *Foeniculum vulgare* subsp. *vulgare/dulce*, una planta perenne de ciclo bienal formada por una raíz gruesa, un tallo erecto, de olor anisado, comestible y comprimido, sobre cuyo sistema caulinar se disponen hojas pecioladas de bases carnosas y ensanchadas, entrelazándose unas con otras y formando un «falso bulbo» (grumo) comestible, el cual pesa unos 250 gramos. Cuando el tallo se alarga y ramifica, desarrolla inflorescencias amarillas en umbela compuesta.

Fig. 1.37. Hinojo.

1.2. Plantas para flor cortada

1.2.1. Fisiología del desarrollo vegetativo

La regulación en el crecimiento de las plantas herbáceas ornamentales con fines comerciales resulta ser un aspecto vital en la producción hortícola y de flor cortada, puesto que permite mejorar su calidad visual (tamaño, compacidad, ramificación, color, etc.) y su calidad fisiológica (resistencia frente a una situación de estrés, fin del reposo vegetativo, mejora de la poscosecha, etc.). Los primeros pasos realizados en la regulación del crecimiento vegetal se basaron en controlar el riego, la temperatura y el abonado, hasta que durante la primera quincuagena del siglo xx se dio a conocer que el desarrollo de las plantas estaba controlado por hormonas vegetales producidas por ellas mismas.

A principios del siglo xx se vio la ocasión de influir en el comportamiento vegetal mediante la introducción de compuestos orgánicos que afectaban al crecimiento de la planta, comprobándose que la utilización de fitorreguladores («fitohormonas») era muy eficaz para regular el desarrollo vegetal con fines comerciales, lo cual debía complementarse con las prácticas culturales de riego, abonado y control ambiental (temperatura, humedad, pH, etc.).

Sin embargo, actualmente hay una mayor sensibilidad que hace años y décadas hacia el desarrollo de sistemas agrícolas mucho más sostenibles, lo cual ocasiona que la utilización de fitorreguladores no esté muy bien valorada. A pesar de todo ello, el uso de sustancias reguladoras del crecimiento vegetal continúa siendo hoy en día una técnica muy eficaz y aplicada, no siendo posible una rápida eliminación de las mismas porque todavía son imprescindibles para obtener producciones de calidad en diversos cultivos, como los de flor cortada. Las nuevas tendencias exigen que la utilización de fitorreguladores se adapte a este cambio de gestión agrícola respetuosa con el medioambiente, lo cual pasa por tres aspectos fundamentales: (1) el desarrollo de nuevos productos menos contaminantes; (2) la mejora de nuestro conocimiento en la utilización de fitorreguladores; (3) optimizar con las primeras técnicas de regulación (operaciones culturales). En este tercer punto se sugiere volver al pasado, sin embargo, a diferencia de antes, hoy en día se dispone de importantes avances en la tecnología de los invernaderos, del riego, la climatización, fertilización, etc., que facilitan y permiten una mayor eficacia de dichas técnicas. El manejo de la temperatura, luz, humedad relativa, fertilización o el riego son importantes herramientas para dirigir el crecimiento y desarrollo de las plantas, pudiéndose usar independientemente o de forma complementaria junto a los fitorreguladores.

1.2.2. Floración

El momento de corte de las flores dependerá de la distancia del punto de producción a los mercados de distribución y venta. Cuando se trata de distancias largas puede ser conveniente recolectar las flores al mostrar los pétalos o cuando están a medio abrir, procurando aplicar soluciones nutritivas para que posteriormente abra la flor con normalidad. Para los mercados más próximos a las zonas de producción se cortan las flores abiertas para ser comercializadas en la misma comarca.

La flor cortada tiene una durabilidad mucho más limitada en la fase de posrecolección que otros productos agrícolas, como son semillas, frutos, tubérculos, bulbos, hortalizas, etc. Las flores suelen tener, generalmente, pocas reservas y no presentan apenas ninguna protección frente a las pérdidas de agua, por lo que sin aplicar medidas específicas contra ello se deshidratan y envejecen de forma prematura. El etileno afecta a numerosos procesos del desarrollo vegetal y de la senescencia de las plantas con flores, teniendo su acción un papel fundamental en la regulación del marchitamiento floral.

1.2.3. Especies y variedades comerciales

La producción de flor cortada en España se centra sobre todo en la rosa y el clavel (*Dianthus caryophyllus*), representando ambos cultivos aproximadamente un 60 % respecto al total. También se cultivan los crisantemos (género *Chrysanthemum*), las orquidáceas y los gladiolos.

1.2.3.1. Claveles

El clavel pertenece a la familia de las cariofiláceas, género *Dianthus,* que reúne alrededor de 250 especies, destacando entre ellas la especie *Dianthus caryophyllus* por su aprovechamiento para flor cortada. Es una planta vivaz, por lo que puede vivir durante varios años en el terreno, de tallo herbáceo y con unos nudos muy pronunciados.

El clavel prefiere suelos sueltos, porosos y que faciliten la penetración y el normal desarrollo de su sistema radicular, desarrollándose muy bien en terrenos de textura franco-arenosa. Es importante un buen drenaje para evitar encharcamientos, que favorecerían el desarrollo de posibles enfermedades criptogámicas y su asfixia radicular. Prefiere terrenos cuyo pH oscile entre 6,5 y 7.

1.2.3.2. Rosas

El rosal es una planta de porte arbustivo, a veces rastrero, con tallo espinoso que alcanza más de 2 m de altura. Sus tallos presentan una estructura semi-leñosa, generalmente son erectos, de textura rugosa y escamosa, con formaciones epidérmicas de variadas formas, destacando las espinas o emergencias persistentes y bien desarrolladas. Las hojas pueden ser perennes o caducas, pecioladas y compuestas. El fruto es un poliaquenio encerrado en un receptáculo carnoso, de forma oval y de coloración rojiza en su madurez.

Debido a la gran cantidad de hibridaciones, existen flores de diversas formas, colores y otras características diferentes. La propagación de los rosales puede hacerse por vía sexual (semillas) o vegetativamente a través de injertos y estacas. En la preparación del suelo para cultivos de flor cortada, es conveniente realizar una labor de subsolado (40 cm) con el fin de mantener un terreno suelto, que permita el correcto desarrollo de las raíces.

Fig. 1.38. Rosa.

Fig. 1.39. Claveles.

1.2.3.3. Gerbera

El género gerbera pertenece a la familia de las asteráceas y son plantas herbáceas vivaces, en roseta, cuyo cultivo puede durar varios años, aunque comercialmente solo interesa utilizar la misma plantación durante 2-3 años. El sistema radicular es pivotante al inicio, pero a medida que se desarrolla se transforma en fasciculado y queda compuesto de gruesas raíces de las que parten varias raicillas.

Las hojas tienen forma de roseta, son alargadas y ligeramente hendidas por sus bordes. De los pecíolos de algunas hojas evolucionan los brotes florales, que desarrollan vástagos o pedúnculos con una inflorescencia terminal en capítulo.

El fruto es un aquenio, acostillado, de color marrón claro a marrón oscuro y presenta un vilano (apéndice de filamentos) en su extremo posterior que sirve para facilitar la diseminación de la semilla. Los colores más demandados de las flores de gerbera son: rosa, rojo, amarillo, blanco y naranja. Para su cultivo prefiere suelos ligeros, profundos, aireados, drenados y fértiles.

Fig. 1.40. Gerbera.

1.2.3.4. Crisantemos

Fig. 1.41. Crisantemo.

El género de los crisantemos pertenece a la familia de las asteráceas y comprende unas 30 especies, aunque actualmente los floricultores cultivan un híbrido complejo: *Chrysanthemum x hortorum*. Las hojas pueden ser lobuladas o dentadas, de color verde claro u osuro, recubiertas de un polvillo blanquecino que le dan un aspecto grisáceo y casi siempre son aromáticas. Las flores presentan una inflorescencia en capítulo. Para su cultivo se recomienda un suelo poroso con alto contenido en materia orgánica y un pH algo ácido (5,5-6,5). La propagación suele realizarse por esquejes terminales obtenidos a partir de plantas madre seleccionadas.

1.2.3.5. Orquídeas

La familia botánica de las orquídeas está formada por plantas angiospermas monocotiledóneas y vivaces, de hojas radicales y envainadoras, con flores de formas y coloraciones muy singulares, frutos en cápsulas y semillas exentas de albumen. La raíz está formada por dos tubérculos elipsoidales y simétricos. Esta familia de plantas es la que ofrece las características evolutivas más avanzadas del reino vegetal, motivo por el cual están en pleno proceso de diversificación, circunstancia que se ve reflejada en su abundancia y diversidad.

La belleza de las flores contrasta con su simplicidad, que pueden ir aisladas o formar inflorescencias. Las orquídeas tienen unas características de reproducción propias y a veces imitan las formas de los insectos polinizadores que necesi-tan para su diseminación y supervivencia. Los estambres y pistilos habituales en otras familias de plantas han quedado fusionados en las orquídeas bajo una sola estructura llamada «columna», localizada en el centro de la flor. Los frutos están formados por cápsulas que albergan varias semillas de pequeño tamaño, sin endospermo y con un embrión sin diferenciar.

Fig. 1.42. Cultivo de orquídeas bajo invernadero.

1.2.3.6. Gladiolos

El género de los gladiolos comprende unas 250 especies, entre las cuales hay cruzamientos que han dado lugar a numerosas variedades híbridas de flores grandes y pequeñas. Los gladiolos quedan caracterizados por su inflorescencia en espiga y sus tubérculos caulinares de renovación anual, que dan lugar a varios bulbos de pequeño tamaño. Las hojas son alargadas, lanceoladas y están cubiertas por una cutícula cerosa. La parte inferior de las hojas está reducida a vainas, las cuales envuelven al tallo que sostiene la inflorescencia. Este tallo floral puede superar el metro de altura y presenta una coloración variable.

Fig. 1.43. Gladiolos.

Fig. 1.44. Cultivo de rosas bajo invernadero.

1.3. Laboreo

En sus orígenes, cuando el ser humano inició la vida sedentaria, modificó el medioambiente natural o silvestre para desarrollar los cultivos agrícolas y aumentar así la producción de los mismos con el objetivo de poder alimentarse con productos vegetales (cereales, vid, etc.). Comenzó así a labrar el suelo, utilizando aperos muy rudimentarios hasta llegar al tradicional arado de vertedera en los tiempos más recientes. Los últimos avances tecnológicos concluyeron en una modificación ambiental cada vez más intensa donde se busca un laboreo mínimo, llamado agricultura de conservación, para evitar la erosión de suelos y las pérdidas de agua por evaporación y escorrentía superficial.

En sus inicios, los tractores buscaban mejorar la calidad limitada de las labores que hasta entonces había sido posible realizar con los antiguos arados de vertedera. Conforme fue incrementándose la potencia, se fue pasando a labores de vertedera con volteos más profundos, conocido por *laboreo primario,* y a un mayor número de pasadas posteriores con otros aperos para desmenuzar la tierra y poder preparar mejor la superficie de siembra, lo que se denomina como *laboreo secundario.*

La evolución de los tractores hacia mayores potencias, rapidez y confort, unido a los nuevos diseños de los aperos, con mayores anchuras de trabajo, posibilitaron el progreso agrícola, priorizando la calidad en las labores a los costes económicos y, por supuesto, sin tener en cuenta el consumo de combustible. Posteriormente sobrevino el aumento paulatino de los precios de los combustibles fósiles, la reducción de los precios pagados a los agricultores y la proliferación de problemas medioambientales, lo que llevó a una progresiva reducción de las labores en el campo para mejorar la relación coste-beneficio desde un objetivo de rentabilidad agraria.

Con el laboreo se alteran mecánicamente las capas más superficiales del suelo, con el objetivo de preparar un lecho de siembra, o bien una vez sembrado, mejorar la estructura para crear las condiciones ideales que posibiliten el adecuado desarrollo de los cultivos agrícolas. El laboreo, según algunos autores, puede practicarse para obtener distintos resultados:

a) Crear una estructura óptima para la siembra.

b) Mejorar las propiedades físicas del suelo, que permitan aumentar la captación y retención del agua.

c) Eliminar las «malas hierbas».

d) Incorporar los restos de cosechas, la fertilización mineral y las enmiendas orgánicas.

e) Reducir las áreas de compactación, eliminando zonas de mala infiltración y encharcamiento.

Fig. 1.45. Laboreo en banda, que mejora las condiciones del suelo.

Las labores primarias tienen por objeto trabajar el suelo dejado por el cultivo anterior, incorporando los posibles residuos que hayan quedado en superficie, dejando el suelo mullido en profundidad, para facilitar la penetración de las raíces del nuevo cultivo, permitir las acumulaciones de agua en sus poros y favorecer el drenaje de los excesos de lluvia. El llamado laboreo secundario se realiza para preparar un lecho de siembra, de forma que pueda recibir bien las semillas del nuevo cultivo a implantar. Normalmente, un laboreo secundario se basa en una capa superficial de suelo bien desmenuzado donde la semilla se hidrate con facilidad, cubierta de pequeños agregados o tormos que puedan evitar la formación de costra en suelos propensos a ello y favorezcan la nacencia de las plántulas.

Las técnicas de preparación de suelos para cultivos hortícolas y de flor cortada pueden incluir una labor profunda, cuyos efectos se completan con la realización de labores superficiales. La preparación profunda del terreno se realiza para eliminar la suela de arado, favorecer la infiltración del agua (drenaje y reserva de agua) y para mejorar los intercambios gaseosos, en particular, el paso del oxígeno a la zona radicular. Entre los aperos utilizados están los arados con vertederas de áncoras rectas o curvas por su lateral. Al ser su objetivo principal favorecer el enraizamiento y el desarrollo de las raíces, las labores profundas serán tanto más necesarias en cuanto la compactación, falta de drenaje y aireación sean características del suelo de cultivo.

Se realizan a una profundidad superior a los 25-30 cm. La operación de mullir el suelo es cavar o trabajar la tierra rompiendo y repartiendo los terrones alrededor de las plántulas (cepas, patatas, etc.), ahuecando así la tierra. El trabajo de dar un segundo pase a la tierra de labor con la intención de aflojarla se llama *binar*. El manejo del suelo debe ir encaminado a minimizar las alteraciones y erosiones edáficas, aumentar el retorno de los residuos agrícolas y maximizar el uso eficiente de los nutrientes y el agua en el sistema radicular de las plantas cultivadas.

1.4. Repicados

El repicado es una operación intermedia entre la siembra y el trasplante. Se realiza el repicado cuando la superficie donde se ha realizado la siembra (semillero) se ha quedado pequeña (las plantas ya tienen el tamaño suficiente para ser trasplantadas) y todavía no se tiene preparado el espacio definitivo de plantación, o bien cuando no es la época de trasplantar las plantas y se necesita un lugar mejor para ponerlas mientras llega la fecha de plantación definitiva.

Esta operación se basa en extraer las plantas del semillero (con raíz desnuda o cepellón) cuando aún tienen entre dos y cuatro hojas y a continuación se trasplantan a una maceta o a un pequeño recipiente que contenga un buen sustrato (fibra de coco y humus de lombriz, por ejemplo), de tal forma que las plantitas enraícen lo mejor posible y crezcan bajo condiciones ambientales controladas, bien sea en un semillero protegido o en un invernadero. Cuando estén más desarrolladas y tengan unas buenas condiciones de crecimiento, serán trasplantadas a la zona definitiva.

Para el repicado se tomará especial precaución, pues las plantas en ese momento son muy delicadas y sensibles. De hecho, antes de arrancar las plántulas, habrá que regar bien el sustrato para no forzar las raíces. En el recipiente donde se vayan a colocar las plantas, hay que procurar que las raíces queden hacia abajo y no torcidas hacia la parte de arriba. Cuando se rieguen las plantas tras el repicado, se debe procurar no mojar las hojas. El repicado ha tendido a desaparecer por los costes de la mano de obra que necesita esta operación, los cuales no son absorbidos por los beneficios obtenidos con la recolección final del cultivo.

Fig. 1.46. Repicado.

Fig. 1.47. Despuntado.   Fig. 1.48. Blanqueo en cultivo de apio.

1.5. Despuntados y pinzamientos

El pinzamiento es una operación de gran importancia que permite distribuir escalonadamente la producción de flor cortada y retrasar la entrada en floración durante determinadas épocas, con idea de hacer frente a un momento de bajos precios. A tal fin, se corta el esqueje con la mano por un nudo. Con ello se provoca la emisión de nuevos brotes, que pueden ser pinzados nuevamente o bien se dejan florecer. El segundo pinzamiento puede hacerse de dos formas:

• Despuntando todos los brotes resultantes del primer pinzado.

• Despuntando solamente la mitad de los brotes.

Tanto en un caso como en el otro, el segundo despunte no debe realizarse al mismo tiempo en todos los brotes, con el fin de poder escalonar la producción de flor cortada.

1.6. Blanqueos

El blanqueo se realiza en aquellas especies de plantas en las que la porción vegetal a comercializar no debe acumular clorofila: lechuga, espárrago, escarola, etc. Se les priva por ello de la luz natural del sol. En la escarola lechuga, las hojas exteriores de la planta se atan sobre sí mismas, quedando toda la parte interior blanqueada. En el apio y cardo, se cubren las hojas con cartón, se atan y luego se aporcan. En el cultivo del espárrago se hace un caballón, creciendo el tallo bajo tierra.

En muchas especies ha podido eliminarse la operación del blanqueo al incluirse variedades con el gen del albinismo, como por ejemplo ha ocurrido en el apio y cardo; o bien con otro gen que provoca plantas arrepolladas o acogolladas, como pasa con la lechuga y la escarola.

1.7. Entutorados

El entutorado está estrechamente relacionado con la obtención de flores de buena calidad. Antiguamente se realizaba esta operación utilizando cañas e hilo. Hoy en día se utilizan mallas de alambre o de nailon y soportes de diferentes materiales. Los bastidores o cabezales convienen que sean metálicos o de madera, debiendo tener alturas comprendidas entre 1,20 y 1,50 metros.

Las mallas suelen tensarse lateralmente mediante la colocación de alambres que se fijan en los cabezales, aconsejándose colocar tensores para mejorar la rigidez de las mallas. Los tutores dispuestos horizontalmente son rafias o mallas de plástico, que se usan, sobretodo, para floricultura con el objetivo de aumentar la longitud de los tallos, dando así más calidad.

Las espalderas son guías que se unen entre sí, formando un conjunto rígido triangular o piramidal, siendo utilizado en cultivos hortícolas como por ejemplo en tomateras.

1.8. Mejora de la polinización

La polinización es la transmisión a los órganos femeninos de la planta del material genético masculino contenido en los granos de polen. Las plantas tienen flores adaptadas a distintos tipos de agentes polinizadores, entre los que sobresalen el viento o «polinización anemófila», el agua, los animales vertebrados (pájaros, murciélagos, roedores, etc.), los insectos o «polinización entomófila» y otros agentes naturales. En las latitudes de la península ibérica son los insectos los que llevan a cabo la polinización de forma genérica. Las plantas producen el néctar que alimenta y atrae a los insectos polinizadores, posibilitando así la supervivencia misma de la especie vegetal.

Fig. 1.49. Malla para el tutorado de flores cultivadas.

Fig. 1.50. Mejora de la polinización en cultivo hortícola bajo invernadero.

Fig. 1.51. Abeja polinizadora.

Debido a ello, la instalación de colmenares (cultivo apícola) en aquellos lugares donde hay déficit de insectos polinizadores podría ser una mejora eficaz en la recuperación de ecosistemas agrícolas, por el aumento de la polinización entomófila.

Los setos naturales de vegetación también aumentan la diversidad y abundancia de los polinizadores entomófilos en el entorno de los cultivos hortícolas en zonas de agricultura intensiva. Se ha comprobado que los setos establecidos a base de plantas aromáticas (tomillo, lavanda, salvia y romero) tienen la ventaja de requerir poco mantenimiento. Una vez establecido el seto, este cumple su función de sustentar a los insectos polinizadores y el agricultor puede despreocuparse.

La implantación de setos en los márgenes de los cultivos hortícolas contribuye también al control biológico de plagas y a reducir la erosión del suelo, ante, por ejemplo, lluvias torrenciales.

Fig.1.52. Seto de plantas aromáticas en cultivo de melón.

1.9. Castración

La castración debe hacerse molestando lo menos posible a la flor. Debe accederse al interior del capullo, incluso, si es necesario, eliminando con sumo cuidado la corola y el cáliz, antes de que se abran las anteras; con las pinzas o las tijeras han de cortarse todos los estambres, procurando no acercarse a las anteras para evitar que estas estallen como consecuencia de la operación (a la menor duda deberá eliminarse la flor) y, por supuesto, no dañando el gineceo.

La eliminación de los estambres ha de ser absoluta; por eso, en flores de muchos pétalos y de muchos estambres, como por ejemplo la rosa, es preciso cortar con tijeras toda la corola, pues de otra manera no se puede asegurar el buen éxito de la operación. En otras flores basta con separar o eliminar algunos pocos pétalos. Para cada tipo de flor hay que buscar las vías más apropiadas. Casi siempre hay que realizar la castración cuando la flor es muy pequeña, estando todavía cubierta la corola por el cáliz, que por lo general será eliminada total o parcialmente. La flor castrada debe quedar recubierta por la corola, si se la ha podido mantener, o protegida de la llegada de viento o insectos con el material adecuado. Ojo a los golpes de calor: en una flor con el tamaño adecuado para la castración pueden haber estallado las anteras, haciendo inservible la flor.

1.10. Recalzados o aporcados

Los aporcados y recalces utilizados en horticultura cumplen múltiples funciones y son muy beneficiosos cuando se realizan en el momento adecuado. La técnica consiste en aportar tierra alrededor de las raíces y en la base de los tallos de ciertas especies hortícolas.

El recalce se corresponde con un suave aporcado que estimula nuevas raíces adventicias, las cuales van a servir para incrementar la capacidad de absorción de agua y nutrientes minerales por la planta, el vigor de la misma y un anclaje a la tierra. Esto puede resultar muy necesario cuando a finales de verano las cosechas y los temporales pueden desestabilizar las plantas.

Los recalces se realizan en la tercera o cuarta semana después de la plantación en varios cultivos hortícolas, como por ejemplo el tomate, melón, pimiento, pepino, ajo, calabacín, la calabaza, berenjena, haba, cebolla, etc. Con esta labor se retiene la humedad de la tierra mucho más tiempo. También sirve como un buen control de las malas hierbas que comienzan a crecer junto a los cultivos implantados en la parcela.

En general aportar tierra al pie del cultivo cubriéndolo cada vez a más altura favorece un buen desarrollo de los órganos subterráneos, dando lugar a producciones con más calidad. Se suele hacer al mes y medio de la plantación en patatas y boniatos.

Fig. 1.53. Aporcado en cultivo de cardo para blanqueo.

En los aporcados para blanqueo, manejo que se basa en aportar tierra sobre una faja de papel o cartón, se consiguen tejidos más tiernos y blancos, al tener menos clorofila por falta de iluminación o luz solar. Es suficiente con taparlos 20-30 días antes de la cosecha, excepto en el espárrago que se hace a finales de la primavera. También se aplica esta técnica en el cardo, el apio y el puerro, a cuyos cultivos debe realizarse un acaballonado suplementario.

1.11. Escardas

La escarda es la operación para eliminar las malas hierbas de una parcela. Antiguamente se hacía de modo manual, con legona y grada por la interlinea, pero no quitaba las malas hierbas de las líneas del cultivo hortícola.

El principal problema de las malas hierbas está cuando se instala el cultivo o bien al recogerlo. Al sembrar, entran en competencia, por lo que hay subdesarrollos o desarrollos defectuosos del cultivo. Si la invasión de malas hierbas es tardía, habrá bajada de calidad en la producción vegetal obtenida y cuando la recolección es mecánica resulta difícil separar el cultivo de las malas hierbas.

1.12. Sombreamientos

El uso de mallas de sombreo es una técnica de refrigeración cuya función principal es reducir la radiación solar incidente durante periodos cálidos, que puede ser perjudicial para los cultivos, o evitar un incremento de la temperatura dentro de los invernaderos de plástico, así como regular la entrada de aire. Según sea su colocación, las mallas pueden ser exteriores o interiores, dependiendo de si se utilizan para cubrir el invernadero por fuera o se disponen bajo su cubierta, confinando una cámara de aire entre la malla y el plástico. Siempre que sea posible, deben situarse las mallas de sombreo en el exterior, aunque su vida útil sea menor y su instalación más difícil, debido a que dicha disposición evita el acceso de la radiación solar al interior del invernadero y provoca una reducción de temperatura más adecuada para el cultivo.

Otro aspecto importante a tener en cuenta es el color de la malla de sombreo. En función de dicha característica, pueden tener un cromatismo aluminoso, blanco, negro, etc. La más utilizada es la malla negra por ser la de mayor duración, pero desde un punto de vista climático, en cuanto al control de la temperatura, la mejor opción sería la de aluminio porque refleja la radiación solar.

1.13. Injertos

Un injerto en plantas hortícolas es un método de propagación vegetativa que consiste en unir una especie vegetal ya implantada (patrón, pie o portainjerto) con la variedad que se desea injertar (injerto), para que ambas crezcan juntas como un solo individuo, aunando así las propiedades beneficiosas de las dos especies o variedades vegetales unidas.

El patrón o portainjerto suele ser una especie resistente a ciertas plagas o enfermedades, a las que la variedad injertada sería susceptible de contraer, o bien su resistencia al medio de cultivo es mayor (especies autóctonas mejor adaptadas a su entorno), proporcionando así a la variedad injertada un soporte mucho más vigoroso para un mayor crecimiento y desarrollo vegetal.

La parte superior, la que va injertada sobre el portainjerto, suele ser una variedad comercial, apreciada, con un buen índice productivo, que no suele llegar a desarrollarse bien en algunos lugares por sí misma debido a ser susceptible a plagas o enfermedades, a las condiciones del suelo de cultivo o a los factores climáticos que presenta el medio receptor.

Los injertos en cultivos hortícolas solo son posibles entre especies vegetales emparentadas, muy relacionadas entre sí; de otra forma los tejidos no resultarían compatibles y ambas plantas morirían. La unión del injerto no es instantánea, sino que deben pasar unos días para que se forme un «callo» entre los dos cortes. Durante ese periodo de tiempo, deben controlarse mucho las condiciones ambientales (humedad y temperatura) para conseguir que ambas partes puedan unirse correctamente.

Los tejidos cortados estarán en unas condiciones de humedad muy elevada para que no pierdan el agua cuando se realiza el injerto. Si por algún motivo la humedad bajara, los tejidos podrían suberificarse, impidiendo la unión de ambas partes vegetales. Para la correcta formación del «callo», se recomienda mantener una temperatura de entre 20 y 28 °C durante la fase de unión.

Las técnicas más utilizadas actualmente para realizar injertos en cultivos hortícolas son:

- Injerto de aproximación: el más utilizado por las casas comerciales, sobre todo en los injertos de calabaza (portainjerto) con sandía, uniendo los dos individuos por su tallo.

- Injerto de púa o cuña: se basa en cortar el tallo de la variedad que se desea injertar por debajo de sus cotiledones, haciendo un bisel (púa) en el extremo del corte.

- Injerto de empalme: el patrón se corta en bisel por debajo o por encima de los cotiledones.

- Injerto adosado: la realizan principalmente máquinas, cortando la variedad a injertar en púa con un cierto ángulo.

Fig. 1.54. Injerto.

Fig. 1.55. Malla de sombreo.

1.14. Tratamiento de residuos vegetales

En los sistemas agrícolas el ciclo de la materia se ve fuertemente alterado por las exportaciones realizadas por la biomasa de la cosecha, resultando necesario restituir al suelo los nutrientes minerales mediante técnicas de fertilización orgánica y/o mineral. Con el fin de minimizar la pérdida de fertilidad en el suelo, la biomasa vegetal restante (residuos) debe ser devuelta directa o indirectamente al suelo, aplicando aquellos tratamientos que faciliten su integración a la dinámica edáfica. De tal forma la materia orgánica se pone a disposición de los macro y microorganismos del suelo (flora/fauna), encargados de la descomposición y humificación que llevarán a cabo los procesos de mineralización primaria y formación de humus estable.

Una de las mejores formas de reciclar los residuos vegetales de un huerto, jardín o una explotación hortícola es recurrir al compostaje, un proceso de descomposición de la materia orgánica con el fin de convertirla en un abono/fertilizante orgánico rico en nutrientes minerales para el suelo.

El principal residuo de los cultivos cerealistas es la paja y los rastrojos, que presentan una baja humedad, un alto contenido en celulosa y alrededor de un 10 % de lignina. La relación carbono-nitrógeno (C/N) es muy elevada, entre 80 y 100. La mayor parte de la paja producida tiene por destino a la ganadería, donde se utiliza como alimentación o lecho. La paja y otros residuos equivalentes de los cereales pueden aplicarse al suelo previa trituración o picado de la misma, quedando incorporada superficialmente sobre la parcela. Generalmente, la rotura de la paja se realiza en el momento de la cosecha, incorporando un dispositivo picador a la cosechadora. Posteriormente se debe realizar una labor de incorporación superficial mediante pase con grada de discos. La incorporación al suelo de la paja comporta un aporte importante de materia orgánica en el terreno de cultivo.

Los residuos de vegetales verdes presentan un alto contenido en humedad y generalmente son fácilmente degradables. Entre otros, comprenden los residuos de los cultivos forrajeros y raíces o tubérculos extensivos y los que provienen de la mayoría de los cultivos hortícolas comestibles y de las producciones de flor cortada. Los residuos de la horticultura comestible pueden ser incorporados en el suelo para facilitar su posterior descomposición si existe tiempo suficiente antes de iniciar el próximo cultivo. El alto contenido hídrico de estos residuos y su baja relación C/N (15-30) promueve una descomposición bastante rápida y, generalmente, su incorporación al suelo no conlleva el riesgo de «carencia de nitrógeno» en el siguiente cultivo.

En las explotaciones muy intensivas, los residuos de la cosecha de la horticultura comestible y también de la floricultura deben ser retirados del suelo antes de iniciar el cultivo siguiente. Posteriormente estos residuos pueden tener dos destinos principales: transporte e incorporación al suelo en otras fincas menos intensivas, o traslado a plantas de compostaje para la fabricación de compost.

Fig. 1.56. Restos vegetales (paja) tras la recolección del cultivo.

Fig. 1.57. Recogida de restos vegetales para su posterior aprovechamiento.

2. El riego de hortalizas y flores

Contenido

2.1. La calidad del agua de riego.

2.2. Necesidades hídricas de las hortalizas y flor cortada.

2.3. Sistemas de riego.

2.4. Eficiencia del riego.

2.5. Uniformidad del riego.

2.6. Cultivos hidropónicos.

2.7. Instalaciones de riego.

2.8. Manejo y primer mantenimiento de la instalación de riego.

2.9. Regulación y comprobación de caudal y presión.

2.10. Limpieza del sistema.

2.11. Medida de la uniformidad del riego.

2.12. Medida de la humedad del suelo.

Las necesidades de riego de una plantación varían para cada especie vegetal cultivada, su estado fenológico, medio de cultivo y condiciones ambientales. Así, hay plantas de bajo consumo hídrico y otras que necesitan un gran aporte de agua. Para lograr una gestión racional de las necesidades hídricas de una plantación, se calculará la dosis de riego en función de cuál sea el volumen de agua disponible, así como de la topografía, las características edafológicas, las condiciones climáticas y la demanda hídrica de las plantas cultivadas, de forma que cubran mínimamente sus requerimientos fisiológicos y nutricionales, aunque lo realmente difícil será lograr una uniformidad apropiada de las aplicaciones con el sistema de riego elegido.

Los riegos deberán efectuarse a primera hora de la mañana o última de la tarde, para evitar fuertes evapotranspiraciones y optimizar al máximo el aprovechamiento hídrico. En el caso de las instalaciones de riego por goteo, el ahorro de agua es mayor.

2.1. La calidad del agua de riego

La calidad del agua es una variable fundamental del riego, ya que afecta tanto a las plantas como a los suelos.

2.1.1. Variables que definen la calidad del agua de riego

Las variables principales que deben evaluarse y los parámetros correspondientes a medir para establecer la aptitud de calidad de las aguas para el riego son:

a) Salinidad: conductividad eléctrica (CE, dS/m).

b) Sodicidad: relación de adsorción de sodio [RAS, $(mmol/L)^{0.5}$].

c) Alcalinidad: pH.

d) Toxicidad iónica específica: concentraciones de sodio (Na^+) y cloruro (Cl^-) (meq/L).

e) Tolerancia de los cultivos a la salinidad: CE-umbral, pendiente.

f) Tolerancia de los suelos al efecto combinado de la salinidad, sodicidad y alcalinidad: CE, RAS y pH.

g) Riego: sistema de riego, fracción de lavado (FL).

La salinidad es la variable de calidad que tiene un mayor efecto sobre las plantas. En base al parámetro de medida CE, la FAO establece que aguas con una CE < 0.7 dS/m no tienen ningún grado de restricción de uso para riego, aguas con una CE > 0.7 dS/m y < 3.0 dS/m tienen un grado de restricción entre ligero y moderado, y aguas con una CE > 3.0 dS/m tienen un grado de restricción severo. Esta clasificación general se ve muy afectada por otras variables tales como (a) las concentraciones de sodio (Na^+) y cloruro (Cl^-) en el agua de riego, (b) la tolerancia de los cultivos a la salinidad, (c) el sistema de riego y (d) la fracción de lavado.

Las concentraciones de $Na+$ y $Cl-$ son muy negativas para los cultivos sensibles a toxicidad iónica específica, sobre todo en riego por aspersión debido a la absorción directa de estos iones a través de las hojas mojadas por el agua de riego. Valores inferiores a 5 meq/L pueden ser perjudiciales para los cultivos más sensibles (la mayoría de los frutales), mientras que otros cultivos tolerantes no se ven afectados por concentraciones de 20 meq/L. El grado de daño foliar depende también de otras variables, en particular de las condiciones atmosféricas como la temperatura, la insolación y la humedad relativa.

La tolerancia de los cultivos a la salinidad determina asimismo la aptitud de un agua para el riego, ya que conforme más tolerante es el cultivo pueden utilizarse aguas más salinas sin mermas de producción. La tolerancia a la salinidad se cuantifica por la CE-umbral (salinidad por encima de la cual el cultivo desciende en rendimiento) y la pendiente (porcentaje de descenso lineal del rendimiento del cultivo por incremento unidad de la salinidad). En general, los cereales de invierno son los cultivos mas tolerantes, y los frutales y hortícolas los más sensibles a la salinidad.

El sistema de riego debe asimismo tenerse en cuenta, ya que los problemas potenciales de salinidad dependen del mismo. En términos generales, si el agua de riego es salina el sistema menos recomendado es el de riego por aspersión debido a la absorción iónica foliar, y el más recomendado es el de riego por goteo superficial de alta frecuencia debido a que en las proximidades de los goteros (zona de extracción preferente del agua del suelo por los cultivos), la fracción de lavado es muy alta y la salinidad del suelo es similar a la del agua de riego.

La fracción de lavado (FL), definida como la fracción del agua infiltrada en el suelo que percola por debajo de la zona de raíces de los cultivos, es una variable crítica, ya que determina la salinidad que resulta en el suelo para una salinidad dada del agua de riego. Conforme mayor es la FL, menor es la salinidad resultante en el suelo, por lo que pueden utilizarse cultivos más sensibles a la salinidad o, para un cultivo determinado, podrían emplearse aguas más salinas sin mermas de producción. Para sistemas de riego de alta frecuencia (goteo), se considera que la CE resultante de una determinada combinación de FL y CE del agua de riego es entre un 10 y un 30 % menor que la que resulta en riego convencional. Esta es una de las razones por las que se recomienda el riego por goteo en vez del convencional si las aguas de riego son salinas.

La sodicidad es la variable más negativa para los suelos, seguida de la alcalinidad. Ello es debido a que valores elevados de RAS (sodicidad) y pH (alcalinidad) conducen a la pérdida de estabilidad estructural de los suelos que se produce fundamentalmente por la dispersión y/o hinchamiento de las arcillas sensibles a estos procesos. Esta pérdida de estabilidad de los suelos reduce su capacidad para transmitir agua (descensos de la conductividad hidráulica y/o infiltración). Por el contrario, la salinidad tiene un efecto beneficioso sobre la estructura de los suelos, ya que reduce los procesos de dispersión y/o hinchamiento de arcillas.

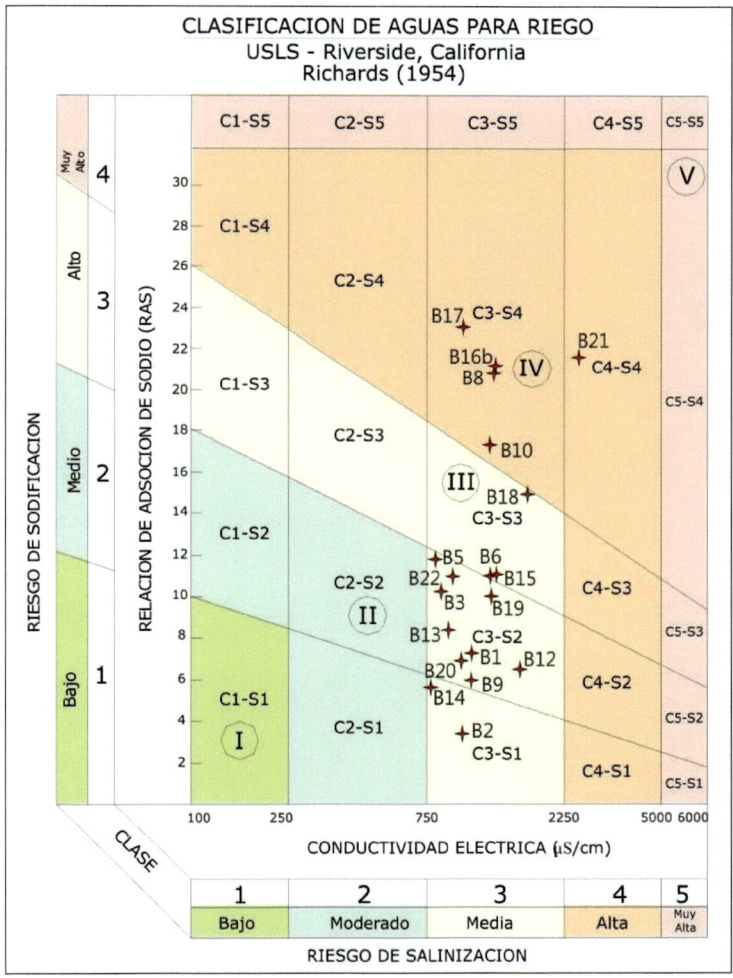

Fig. 2.1. Diagrama de clasificación para riego, según Riverside.

Por ello, el efecto de la calidad del agua de riego sobre la estabilidad estructural de los suelos debe evaluarse teniendo en cuenta el resultado combinado de los efectos beneficioso de la salinidad (CE) y perjudicial de la sodicidad (RAS). Para una CE determinada, un suelo es tanto más estable cuanto menor es la RAS, y para una RAS determinada, un suelo es tanto más estable conforme mayor es la CE. Aguas de muy baja CE (inferiores a unos 0,3 dS/m) pueden desestabilizar los suelos para cualquier valor de RAS. Así, las aguas de lluvia, con valores muy bajos de CE y RAS, pueden producir la pérdida de estabilidad de los suelos, sobre todo en superficie, produciendo su encostrado y los correspondientes efectos negativos sobre la infiltración y sobre la germinación y emergencia de las plántulas.

Fig. 2.2. Medición de parámetros físicos en el agua depositada sobre un suelo agrícola.

Fig. 2.3. Boca de riego en un cultivo agrícola.

PARÁMETROS	SÍMBOLO	UNIDAD	VALORES
CONTENIDO EN SALES			
CONDUCTIVIDAD ELÉCTRICA	CE_a	dS/m	0 – 3
TOTAL SÓLIDOS EN SOLUCIÓN	TSD	mg/l	0 – 2.000
CATIONES Y ANIONES			
CALCIO	CA^{2+}	meq/l	0 – 20
MAGNESIO	MG^{2+}	meq/l	0 – 5
SODIO	NA^+	meq/l	0 – 40
CARBONATOS	CO_3^{2-}	meq/l	0 – 0,1
BICARBONATOS	HCO_3^-	meq/l	0 – 10
CLORO	CL^-	meq/l	0 – 30
SULFATOS	SO_4^{2-}	meq/l	0 – 20
NITRATO – NITRÓGENO	$NO_3\text{-}N$	meq/l	0 – 10
AMONIO – NITRÓGENO	$NO_4\text{-}N$	mg/l	0 – 5
FOSFATO – FÓSFORO	$PO_4\text{-}P$	mg/l	0 – 2
POTASIO	K^+	mg/l	0 – 2
BORO	B	mg/l	0 – 2
ACIDEZ O BASICIDAD	pH	1-14	6 – 8,5
RELACIÓN DE ABSORCIÓN DE SODIO	RAS	meq/l	0 – 15

Nota: Las filas de la tabla están agrupadas a la izquierda en: SALINIDAD (Contenido en sales, Cationes y aniones), NUTRIENTES (Nitrato-nitrógeno, Amonio-nitrógeno, Fosfato-fósforo, Potasio) y VARIOS (Boro, Acidez o basicidad, Relación de absorción de sodio).

Fig. 2.4. Parámetros considerados como normales en un análisis de agua para riego agrícola.

Este diagrama de estabilidad estructural es diferente para cada suelo, ya que depende de sus características físico-químicas y, en particular, de la textura, el contenido de materia orgánica, el pH y el tipo de arcillas presentes en el mismo. Por ello, el efecto de la calidad del agua debe evaluarse mediante ensayos de campo específicos para cada suelo en particular. Una ventaja del riego por aspersión en relación con el riego por inundación es que pueden reblandecerse los suelos encostrados aumentando la frecuencia del riego con dosis mínimas de aplicación de agua.

2.1.2. Toma de muestras de agua

La toma de muestras de agua en terrenos agrícolas es una práctica común para evaluar la calidad hídrica utilizada en la producción vegetal de los cultivos. Conocer la calidad del agua es muy importante, ya que puede afectar el crecimiento de las plantas y también la salud humana por parte de los consumidores de los productos vegetales recolectados en campo. A continuación, se presentan los pasos básicos para tomar una muestra de agua y realizar un análisis en el ámbito agrícola:

- Identificar el punto de muestreo: el primer paso es identificar el punto en donde se realizará la toma de la muestra, que puede ser una fuente de agua, un pozo, un arroyo o una corriente hídrica circundante al campo de cultivo. Es importante tener en cuenta el uso previo del agua en las zonas colindantes a la parcela y las actividades agrícolas o de cualquier otra índole (pecuaria, industrial, etc.) que se ubiquen próximas a la toma de agua, lo cual puede afectar significativamente a la calidad y al caudal del agua.

- Preparar los materiales: es importante asegurarse de que los materiales de muestreo estén limpios y libres de contaminación. Los materiales incluyen una botella de muestreo estéril, guantes de látex, una etiqueta y un rotulador para etiquetar la botella.

- Toma de la muestra: para realizar el muestreo, se debe sumergir la botella en el agua, quedando esta completamente llena. Si es necesario, se sacará la botella del agua y se dejará correr el caudal durante unos segundos para estar completamente seguros de que se ha eliminado cualquier tipo de contaminación superficial. Finalmente, se cierra la botella sin tocar la boca de la misma con las manos.

- Etiquetar la muestra: por último, hay que registrar la botella con los datos de la ubicación del punto de muestreo, la fecha y la hora de muestreo, lo cual se realiza colocando una etiqueta sobre el envase.

- Transportar la muestra: una vez tomada la muestra, se debe mantener la misma refrigerada y su transporte se realizará de manera segura para evitar posibles roturas o alguna contaminación indeseable adicional. Si la muestra no puede ser analizada de inmediato, nos deberemos asegurar de que la misma quede almacenada en un lugar fresco y oscuro hasta que se realice su correspondiente análisis en un laboratorio.

Es importante seguir los procedimientos adecuados en la toma de muestras para obtener una precisión correcta en los resultados del análisis. Las pruebas de calidad de agua en agricultura se realizan para medir los niveles de nutrientes, riqueza mineral, metales, contaminantes orgánicos y bacterias en el agua utilizada para el riego y otros propósitos agrícolas.

2.1.3. Interpretación de un análisis de agua

La interpretación de un análisis de agua puede ser compleja, ya que puede haber muchos factores que influyen en la calidad del agua. Sin embargo, en general, un análisis de agua se utiliza para determinar la presencia y la concentración de diferentes compuestos en el agua, tales como metales, nutrientes, productos químicos y microorganismos. A continuación, se presentan algunos aspectos clave a tener en cuenta cuando se interpreta un análisis de agua:

1. Identificación de contaminantes: el análisis de agua puede identificar la presencia de diferentes contaminantes, como por ejemplo, pesticidas, herbicidas, metales pesados, bacterias, virus y otros compuestos tóxicos. Es importante identificar el tipo de contaminante, y su origen, para poder determinar el nivel de riesgo para la salud y para el medioambiente.

2. Concentraciones: las concentraciones de los diferentes compuestos en el agua se informan en el análisis de agua. Es importante verificar si las concentraciones de los contaminantes superan los límites de los estándares de calidad de agua establecidos por las autoridades locales, regionales o nacionales. Si las concentraciones están por encima de los estándares, se debe tomar medidas inmediatas para reducir la exposición y minimizar los riesgos para la salud.

3. Impacto en la salud y el medioambiente: la interpretación de un análisis de agua debe considerar el impacto en la salud y el medioambiente. Si se detectan contaminantes en el agua que pueden afectar la salud humana, es necesario informar a las autoridades sanitarias correspondientes y tomar medidas para minimizar la exposición. Del mismo modo, si se detectan contaminantes que pueden afectar el medioambiente, se deben tomar medidas para minimizar el impacto ambiental.

4. Análisis comparativo: en algunos casos, es útil realizar análisis comparativos para evaluar la calidad del agua a lo largo del tiempo o en diferentes puntos de muestreo. Esto puede ayudar a identificar patrones y tendencias en la calidad del agua, lo que puede ser útil para identificar fuentes de contaminación o cambios en la calidad del agua.

Es importante contar con la ayuda de expertos en la interpretación de los análisis de agua, especialmente si se requiere tomar decisiones importantes que afecten a la salud y el medioambiente. Los expertos pueden ofrecer asesoramiento sobre la calidad del agua y las medidas que se pueden tomar para reducir los riesgos asociados con la exposición a contaminantes en el agua.

Fig. 2.5. Muestra de agua.

2.2. Necesidades hídricas de las hortalizas y flor cortada

Los tres factores que de un modo más decisivo influyen sobre cuándo es el momento más óptimo para dar un riego son:

a) Las necesidades de agua de las plantas cultivadas: como en cualquier cultivo agrícola, el **cálculo** de las **necesidades hídricas** de riego se realiza restando de las necesidades totales, representadas por la **evapotranspiración** del cultivo (**ET_c**), la **lluvia efectiva** (**P_{ef}**) o realmente aprovechable por las plantas. Para realizar los cálculos de la ET_c, según cada caso, se multiplica un **coeficiente adimensional** (**K_c**), obtenido experimentalmente (método **empírico**) para cada cultivo en la zona geográfica sobre donde se ubique, por la denominada **evapotranspiración de referencia** (**ET_o**), cuyo valor en cada zona se calcula mediante diversas **fórmulas empíricas** a partir de **datos climáticos** (**Thornthwaite**, **Penman** y otras), de tal manera que:

$$ET_c = ET_o \times K_c$$

Por lo tanto, las **necesidades teóricas de agua** de riego serán:

$$NT = ET_c - P_{ef}$$

b) La disponibilidad de los recursos hídricos para efectuar el riego: la disponibilidad hídrica en una zona geográfica está dada por la configuración y características físicas de sus cuencas hidrológicas, responsables de recoger el agua de lluvia o deshielo que por escorrentía superficial y subterránea discurre a través de los terrenos que las forman, desembocando en un arroyo, río, lago, etc., o bien siendo regulada mediante presas o embalses.

c) La capacidad con la que la zona radicular puede almacenar el agua, lo cual está relacionado directamente con las características físicas/químicas/biológicas del suelo.

2.2.1. Evapotranspiración

La evapotranspiración (ET) es el fenómeno de pérdida de agua del suelo que se produce como combinación de dos procesos simultáneos: a) de evaporación del agua contenida en el suelo y b) la transpiración del agua contenida en las plantas a través de las hojas.

El cálculo de la ET tiene implicaciones directas sobre la estimación de los requerimientos de agua del cultivo para su correcto desarrollo y crecimiento y por ende la obtención del potencial productivo.

Factores que influyen en la determinación de la ET:

- Climáticos:
  — Radiación solar.
  — Humedad relativa.
  — Temperatura.
  — Velocidad del viento.
- Características del suelo:
  — Textura.
  — Estructura.
  — Densidad aparente.
  — Composición química.

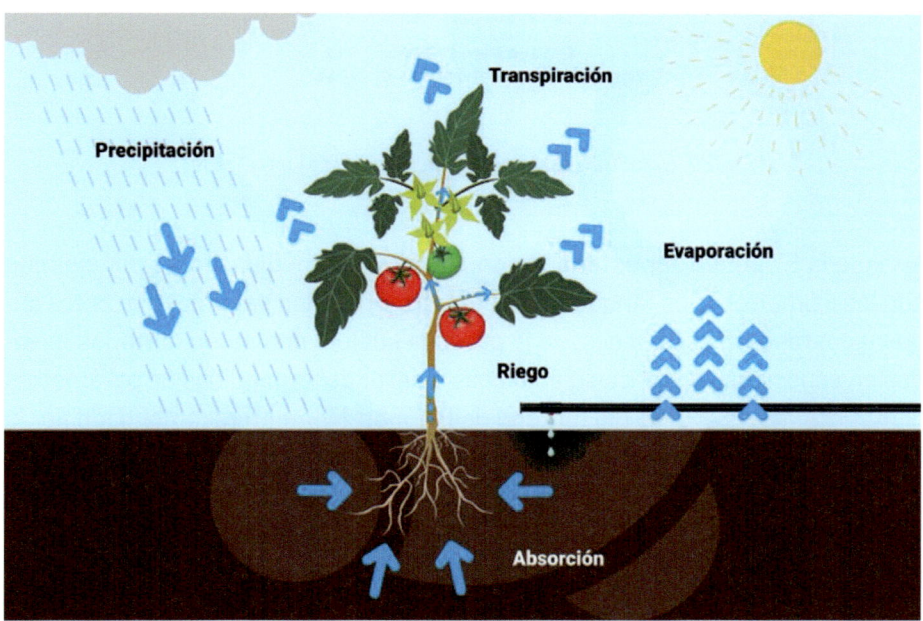

Fig. 2.6. Relaciones hídricas en la planta.

- Factores vegetales:
  — Tipo de plantación.
  — Profundidad radicular.
  — Densidad foliar.
  — Estadio vegetativo.

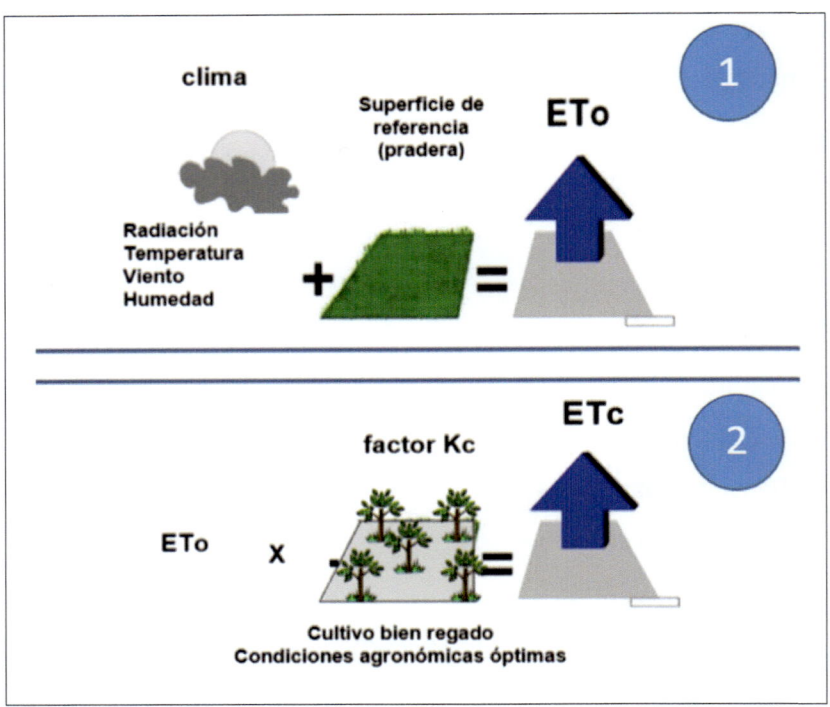

Fig. 2.7. Evapotranspiración de referencia (ETo) y real (ETc).

Aunque la ET puede ser estimada con aparatos de medida, como por ejemplo con los lisímetros o los tanques evaporímetros, resultan ser procedimientos largos y costosos. Debido a ello, en la práctica suelen emplearse métodos basados en ecuaciones empíricas y analíticas a partir de las medidas de parámetros climáticos; tal es el caso del método de Penman-Monteith recomendado por la FAO. Para simplificar la estimación de la ET, al existir multitud de factores, se ha desarrollado el método de estimar una evapotranspiración de referencia (ET_o), la cual alude a la evapotranspiración en un cultivo de referencia tipificado (gramíneas o alfalfa) no sometido a limitaciones hídricas. Posteriormente, para calcular la evapotranspiración real (ET_c) de un cultivo se aplica un factor de cultivo (K_c) que permite calcular la evapotranspiración de un cultivo a partir de la ET de referencia (ET_o). Esta cantidad de agua necesaria para compensar la pérdida por evapotranspiración del cultivo se define como *necesidades de agua del cultivo*.

2.2.2. Factores climáticos que influyen en el balance hídrico

La **programación de riegos** en base al **balance hídrico** es uno de los métodos más empleados y extendidos; la razón capital sobre la que se basa es el cálculo de todas las **entradas y salidas de agua** de una superficie, bajo la premisa de mantener el contenido hídrico adecuado para el cultivo.

Es de gran importancia saber el consumo exacto de agua por el cultivo a fin de obtener la producción potencial. Resultaría de interés efectuar medidas que permitieran corroborar la precisión de las predicciones realizadas. El método del balance hídrico estima las variaciones en el contenido de agua edáfica y, para ello, se basa en la diferencia entre las entradas y salidas de agua del sistema:

$$\Delta H_{ws} = R + P - E - T - PP - ES$$

- **ΔH_{ws}**: incremento en el contenido de agua edáfica (mm).

- **R**: riego (mm).

- **P**: precipitación (mm).

- **E**: evaporación (mm).

- **T**: transpiración (mm).

- **PP**: percolación profunda (mm).

- **ES**: escorrentía superficial (mm).

Esta ecuación puede ser expresada de manera **simplificada**:

$$\Delta H_{ws} = RE + PE - ET$$

RE y **PE** serían el agua que se almacena en el suelo como resultado de los riegos y las lluvias, ya descontadas las pérdidas acaecidas por la escorrentía superficial y la percolación profunda. La **ET** (evapotranspiración) corresponde a la suma de la evaporación edáfica directa (**E**) y la transpiración vegetal (**T**), que generalmente se cuantifica como:

$$ET = K_c \times ET_o$$

Donde **K_c** se llama **coeficiente de cultivo** (adimensional); está intrínsecamente relacionado con el grado cobertura de un suelo y corresponde a las variaciones en la cantidad de agua que las plantas podrían extraer a medida que se desarrollan (desde la siembra hasta la recolección), dependiendo asimismo de la variedad y de las condiciones climáticas. La **ET_o** se denomina **ET de referencia** y corresponde al consumo de agua de una superficie o parcela sembrada de hierba con 10-15 cm de altura, sin carencias de agua, sombreada y en crecimiento activo. Se mide con un **lisímetro**, cuyo dispositivo debe ser introducido en el suelo.

La **ET_o** se calculará aplicando el método Penman por ser el mas exacto de todos los que utilizan formulas empíricas, ya que proporciona resultados bastante satisfactorios para predecir los efectos del clima sobre las necesidades de agua de los cultivos, tanto en regiones húmedas y frías como en zonas cálidas y áridas.

El método de Penman propone utilizar la siguiente fórmula para el cálculo de la **ET₀**, la cual está formada por una componente energética, que depende de la radiación, y otra aerodinámica, que depende de la velocidad del viento y la humedad:

$$Et_0 = \underbrace{W \cdot R_n}_{\substack{Componente \\ energética}} + \underbrace{(1-W) \cdot (e_s - e_0) \cdot f(u)}_{Componente\_aerodinámica}$$

Donde:

- W: índice o coeficiente de ponderación.

- R_n: radiación neta, que se define como: $R_n = R_{nc} - R_{nl}$, siendo:

$$R_{nc} = (1-g) \cdot R_s; \quad R_{nl} = f(T) \cdot f(n/N) \cdot f(e_0)$$

— R_s: radiación solar incidente: $R_s = R_a \cdot (0,25 + 0,5 \cdot n/N)$. Donde R_a es la radiación solar extraterrestre, cuyo valor solo depende de la latitud.

— g: coeficiente de reflexión o albedo.

— R_{nc}: radiación neta de onda corta.

— R_{nl}: radiación neta de onda larga.

— $f(T)$: función de la temperatura: $f(T) = G \cdot T^4$

  - G: constante de Stefan-Boltzman: $G = 1{,}985 \cdot 10^{-9}\,mm/[K^4 \cdot día]$

  - T: temperatura media en grados Kelvin $[K]$.

— $f(e_0)$: función de la humedad: $f(e_0) = 0{,}34 - 0{,}044 \cdot \sqrt{e_0}$

  - e_0: presión de vapor del aire medida en milibares $[mbar]$.

  - $f(n/N)$: función de la nubosidad: $f(n/N) = 0{,}1 + 0{,}9 \cdot n/N$

  - n/N: relación entre el número de horas de sol reales y teóricas.

  - N: n.º de horas de sol teóricas; valor estimado por tablas en función de la latitud.

  - n: n.º de horas de sol reales; su valor se obtiene del observatorio.

- $e_s - e_0$: déficit de saturación de vapor del aire a la temperatura media.

— e_s: tensión de vapor de saturación del aire en milibares; se estima a partir de la temperatura media del aire según la expresión siguiente:

$$e_s = 6{,}108 \cdot e^{\frac{17{,}27 \cdot t}{t+237{,}3}} ; \ (e = 2{,}71828...)$$

Siendo t la temperatura media del aire medida en ºC.

- $f(u)$: función de la nubosidad del viento: $f(u) = 0{,}27 \cdot (1 + 0{,}01 \cdot U_2)$
  - U_2: velocidad del viento en km/día medida a 2 metros de altura.

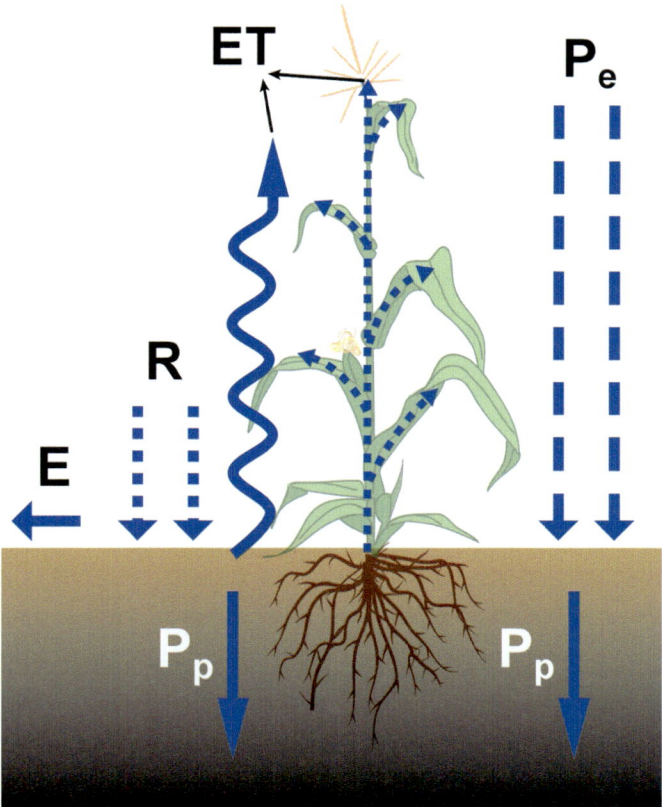

Fig. 2.8. Balance hídrico atmósfera-suelo-planta. P_e: precipitación; R: irrigación; *ET*: evapotranspiración; *E*: escorrentía; P_p: percolación profunda. *Fuente:* R. Moratiel, 2015.

Los coeficientes de cultivo han sido calculados experimentalmente por distintos autores, cuyos valores van en función de determinadas prácticas culturales, tales como son:

- Marco de plantación (axb).

- Sistema de riego.

- Tipo de poda.

- Características varietales.

- Método empleado para la lucha contra las plantas no deseadas (adventicias).

La estimación de las necesidades netas de agua en riego localizado (por goteo) tiene mayor importancia que con respecto a otras instalaciones de regadío, al ser muy limitado el papel que juega el suelo como reserva hídrica. Esta estimación se hace por los mismos procedimientos empleados en el resto de sistemas de riego, pero se aplican después unos coeficientes correctores. Cuando el agua se aplica en toda la superficie a regar, las necesidades netas vienen dadas por la ecuación siguiente:

$$N_n = ET - P_e - G_w - \Delta w$$

Donde:

- N_n: necesidades netas.

- ET: evapotranspiración del cultivo.

- P_e: precipitación efectiva, o cantidad de lluvia que puede ser utilizada por los cultivos.

- G_w: aporte de agua por capilaridad a la zona radicular cuando hay una capa freática próxima.

- Δw: variación en el almacenamiento de agua del suelo.

En cuanto al aporte hídrico capilar, G_w, la capa freática no suele quedar lo suficientemente cerca como para poder considerar estos aportes de agua, por tanto no se suele tener en cuenta. Con respecto a la variación en el almacenamiento hídrico del suelo, Δw, no se tendrá en cuenta para el cálculo de las necesidades punta de agua, ya que los riegos localizados de alta frecuencia pretenden mantener próximo a cero el potencial hídrico del suelo, cosa que consiguen reponiendo con alta frecuencia el agua extraída. Por lo tanto, la expresión anterior quedaría de la siguiente forma:

$$N_n = ET - P_e$$

Cuando el agua se aplica solo a una fracción de la superficie total a regar, la evapotranspiración es distinta que cuando el agua se aplica sobre toda la superficie, por lo que se deberán aplicar tres tipos de coeficientes correctores:

- Coeficiente corrector por localización (K_l): va en función de la fracción de área sombreada (A) por el cultivo, cuya expresión viene dada por:

$$A = \frac{\pi \cdot D^2}{4 \cdot a \times b}$$ (D: diámetro medio de las copas o masa foliar; $a \times b$: marco de plantación)

Diversos autores han estudiado la relación entre K_l y A, obteniendo las fórmulas siguientes:

— Aljibury et al.: $K_l = 1,3 \times A$

— Decroix: $K_l = 0,1 + A$

— Hoare et al.: $K_l = A + 0,15 \cdot (1 - A)$

— Keller: $K_l = A + 0,5 \cdot (1 - A)$

El valor de K_l adoptado se obtendrá eliminando los valores extremos y hallando la media con los otros dos resultados:

$$K_l = (K_{l1} + K_{l2})/2$$

• Coeficiente corrector de variación climática (K_{vc}): los valores de la ET corresponden a la media de los valores climáticos de un determinado número de años, lo que implica que las necesidades calculadas resultarían insuficientes en la mitad de dicho periodo. Como en riego localizado se puede aplicar con mucha exactitud la cantidad necesaria de agua, según Hernández Abreu conviene mejorar esas necesidades entre un 15 y un 20 %, por lo que: $1,15 \le K_{vc} \le 1,2$.

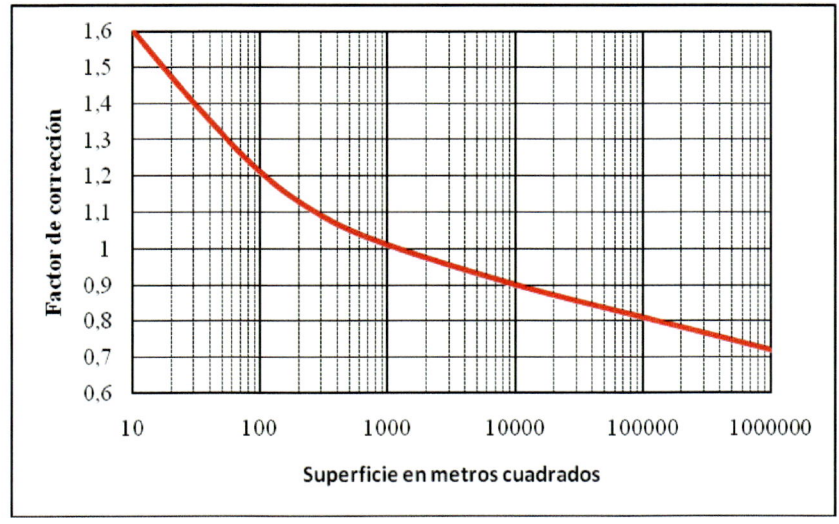

Gráfico 2.1. Factor de corrección por advección en árboles (elaboración propia).

- Coeficiente corrector por advección (K_a): los efectos del movimiento del aire por advección tienen un efecto destacado en el microclima que influye sobre un determinado cultivo, por depender estos de la extensión de la superficie regada y de las características de los terrenos colindantes. En el caso de parcelas pequeñas, el microclima del cultivo será muy distinto según esté rodeado de una masa verde o de un terreno sin cultivar, lo que origina un aire más caliente para el segundo caso. Por ello, el coeficiente K_a vendrá dado en función de la naturaleza del cultivo y del tamaño de la superficie regada. Se tomará como superficie regada no solo la parcela considerada, sino también todas las colindantes que sean de regadío. El valor de K_a será estimado del gráfico 2.1.

En relación a los factores anteriormente calculados, el valor corregido de la evapotranspiración del cultivo (ET_c), se obtendrá mediante la expresión siguiente:

$$ET_c = ET \cdot K_l \cdot K_{vc} \cdot K_a$$

El cálculo de las necesidades netas, considerando ahora la evapotranspiración del cultivo corregida, vendrá dado por:

$$N_n = ET_c - P_e$$

Para calcular la precipitación efectiva se pueden utilizar estas expresiones:

$$P_e = 0,8 \cdot P - 25,\text{ si P} > 75 \text{ mm/mes};\quad P_e = 0,6 \cdot P - 10,\text{ si P} < 75 \text{ mm/mes}$$

Siendo *P* la lluvia caída durante un determinado mes.

Las necesidades totales o brutas de riego resultan ser siempre mayores que las necesidades netas, al tener que aportar cantidades adicionales de agua para compensar las pérdidas hídricas causadas por percolación profunda y salinidad. Además, debido a diversas causas, los emisores de una instalación de riego arrojan caudales que no son exactamente iguales entre sí. Por tanto, la dosis media se incrementa de forma que la fracción de la finca menos regada reciba la misma cantidad de agua necesaria, lo cual se corrige aplicando un coeficiente de uniformidad. Por ello, para sistemas de riego localizados, debe aplicarse la expresión siguiente que da el valor de las necesidades totales o brutas de riego:

$$N_t = \frac{A}{CU} = \frac{N_n}{(1-K)\cdot CU} \begin{cases} K = 1 - E_a \Rightarrow N_t = \dfrac{N_n}{E_a \cdot CU} \\ K = R_L \end{cases}$$

(Se toma el valor más alto de K)

Donde:

- *A*: necesidades brutas de agua.
- N_n: necesidades netas de agua.
- E_a: eficiencia de aplicación.
- R_L: requerimientos de lavado.
- *CU*: coeficiente de uniformidad.

Las pérdidas de agua en una parcela con riego localizado de alta frecuencia se deben únicamente a la percolación, ya que las pérdidas por escorrentía hídrica superficial se presentan en casos extremos de manejo muy deficiente, por lo que no se tendrán en cuenta. Por lo tanto, se tendría que:

$$A = N_n + P_p$$

Siendo P_p las pérdidas por percolación. Si se fija una relación entre las necesidades netas y el agua necesaria se obtendría de tal modo una eficacia de aplicación (E_a) que iría expresada de la siguiente forma:

$$E_a = N_n / A$$

La elección de la eficacia de aplicación viene dada en función del tipo de clima, de la profundidad de las raíces y de la textura del suelo (*Tabla 2.1*).

PROFUNDIDAD DE RAÍCES (*m*)	TEXTURA DEL SUELO							
	Climas cálidos o áridos				Climas húmedos			
	Muy porosa	Arenosa	Media	Fina	Muy porosa	Arenosa	Media	Fina
<0,75	0,85	0,90	0,95	0,95	0,65	0,75	0,85	0,90
0,75-1,50	0,90	0,90	0,95	1,00	0,75	0,80	0,90	0,95
>1,50	0,95	0,95	1,00	1,00	0,80	0,90	0,95	1,00

Tabla 2.1. Valores de E_a en climas cálidos y húmedos (según Keller, 1978).

Por lo tanto, de las dos fórmulas anteriores puede obtenerse la siguiente relación:

$$P_p = A \cdot (1 - E_a)$$

Las necesidades de lavado son un sumando que hay que añadir a las necesidades netas para mantener la salinidad del suelo a unos niveles que no sea perjudicial. Sin tener en cuenta las pérdidas por percolación, se tiene que:

$$A = N_n + L$$

Donde L representa las necesidades de lavado. Si se fija una relación entre las necesidades de lavado y el agua que se debe aplicar se obtendrá el denominado coeficiente de requerimientos de lavado (R_L):

$$R_L = \frac{L}{A}$$

De las dos últimas fórmulas puede deducirse la siguiente relación:

$$A = N_n + A \cdot R_L$$

El cálculo de las necesidades de lavado es bastante complejo, debido a que puede ser conveniente no cargar al riego todas las necesidades de lavado, permitiendo que la lluvia realice parte de la mejora. Un método sencillo de cálculo, aunque menos correcto y exacto, se basa en calcular R_L según la expresión siguiente:

$$R_L = \frac{CE_w}{2 \cdot CE_{es}}$$

Siendo:

- CE_w: conductividad eléctrica del agua de riego, expresada en micromhos/cm.

- CE_{es}: conductividad eléctrica del extracto de saturación del suelo $(mmhos/cm)$.

De todo lo visto anteriormente puede observarse que tanto en el caso de pérdidas por percolación, como en el caso de pérdidas por lavado (N_L), las necesidades brutas (A) van expresadas como la suma de N_n más otro sumando proporcional a ellas:

$$A = N_n + A \cdot K \rightarrow A = \frac{N_n}{1 - K}$$

Donde se tendría que:

- Para el caso de pérdidas por percolación: $K = 1 - E_a$

- En el caso de pérdidas por lavado: $K = R_L$

Que coincide con lo indicado al hablar sobre las necesidades totales de riego.

El motivo por el que se debe tomar el mayor valor de K, queda justificado por el hecho de que si las pérdidas por percolación son mayores, estas provocarán un lavado superior al necesario, con lo cual el nivel de salinidad se mantendrá por debajo del mínimo; y si por el contrario las necesidades de lavado son superiores, habrá que provocar una mayor percolación para evitar la salinización del suelo.

El coeficiente de uniformidad (CU) se utiliza para evaluar las instalaciones ya en funcionamiento y para el diseño de otras nuevas. En el diseño, el CU es una condición que se impone y que viene determinada por factores económicos, cuyos valores recomendados para el diseño de riego localizado se indican en la *Tabla 2.2*.

Evidentemente, no se tendrá que regar en aquellos meses en los cuales la precipitación efectiva supere a la evapotranspiración del cultivo, es decir, en los meses donde las necesidades de agua toman un valor negativo.

En el caso de plantaciones frutales, las necesidades diarias por árbol y día se obtendrán multiplicando las necesidades totales de cada mes por el marco de plantación:

$$N_{d_{árbol}}(l/día) = N_t(mm/día) \cdot a \cdot b(m^2)$$

El caudal ficticio continuo se calcula mediante la expresión siguiente:

$$Q_{fc}(l/s) = \frac{25 \cdot N_t(mm/día) \cdot S(ha)}{216}$$

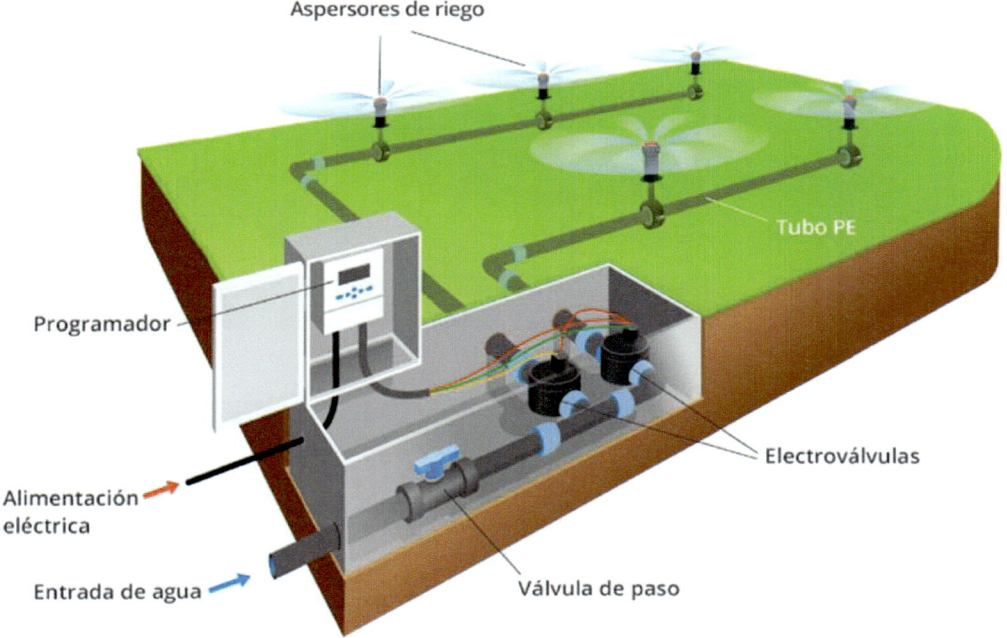

Fig. 2.9. Instalación de riego por aspersión con tuberías de polietileno soterradas.

EMISOR	EMISORES POR PLANTA	TOPOGRAFÍA Y PENDIENTE	CU
Goteros espaciados más de 1 m	Mayor a 3 m	Uniforme ($i < 2\%$)	0,90-0,95
		Uniforme ($i > 2\%$) Ondulada	0,85-0,90
	Menor a 3 m	Uniforme ($i < 2\%$)	0,85-0,90
		Uniforme ($i > 2\%$) Ondulada	0,80-0,90
Goteros espaciados menos de 1 m		Uniforme ($i < 2\%$)	0,80-0,90
		Uniforme ($i > 2\%$) Ondulada	0,70-0,85

Tabla 2.2. Valores de CU recomendables en riego localizado.

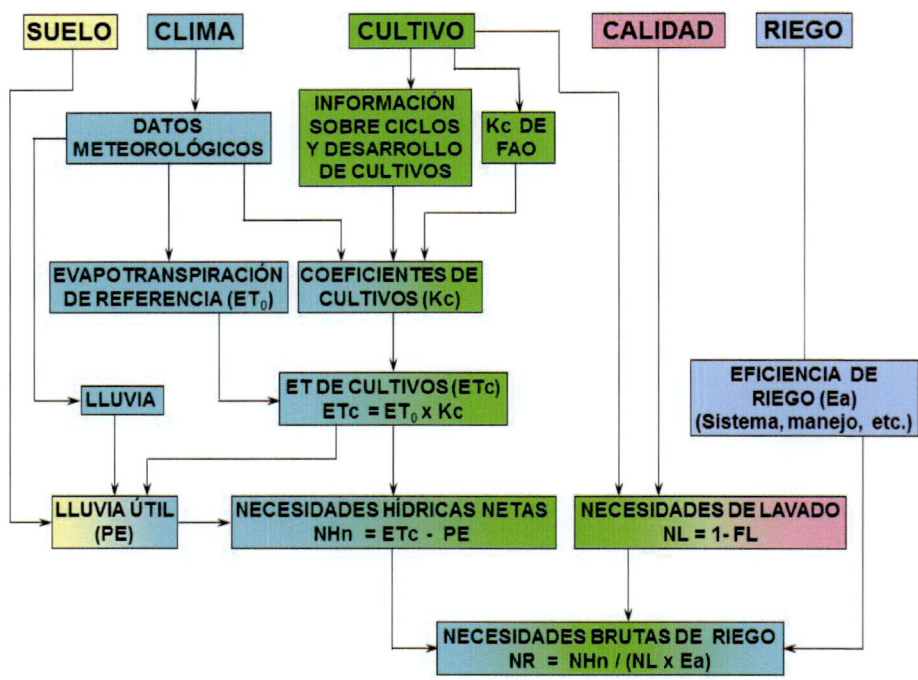

Fig. 2.10. Diseño agronómico de una instalación de riego.

El valor para el mes de máximas necesidades hídricas, que suele coincidir en España con julio-agosto, deberá ser inferior al realmente disponible (pozo, balsa, etc.), lo cual significaría que, *a priori,* se podría regar durante todo el año cubriendo todas las necesidades de agua del cultivo.

A efectos de la programación de los riegos, es recomendable tener en cuenta la cantidad de agua que se almacena en el suelo (reserva hídrica natural) durante todo el periodo anual de lluvias, agua que se considera como un «colchón de seguridad». En zonas áridas o semiáridas es muy recomendable utilizar esta reserva en la programación de los riegos, ya que puede cubrir una fracción muy importante de las necesidades hídricas de los cultivos (50-65 %).

Para programar el riego a lo largo de una campaña es de suma importancia cuantificar la reserva hídrica del suelo hacia finales del invierno. En este momento ya se habrá producido aproximadamente sobre un 70 % de la pluviometría total anual, a partir de cuyo dato puede diseñarse, con cierta precisión, un programa de riego anual en el que, utilizando los datos de la ET_0 y la pluviometría eficaz (P_e), se plantee agotar la reserva hídrica del suelo hasta un determinado nivel denominado de agotamiento permisible (NAP). Dicho nivel podría definirse como el contenido de agua en el suelo por debajo del cual es previsible que las plantas cultivadas empiecen a reducir su tasa de transpiración y, por lo tanto, su crecimiento y producción vegetal.

EL NAP no tiene un valor único, sino que varía en función de la sensibilidad que tengan los cultivos al déficit hídrico, pudiendo tomar distintos valores, dependiendo también del sistema de riego empleado, de la evaporación atmosférica y del tipo de suelo. Por ejemplo, para el caso del olivo el NAP podría estimarse como el 70-75 % del agua útil, aplicando la expresión siguiente:

$$NAP = 0,75 \cdot (CC - PMP)$$

Donde:

- CC: capacidad de campo.

- PMP: punto de marchitamiento permanente.

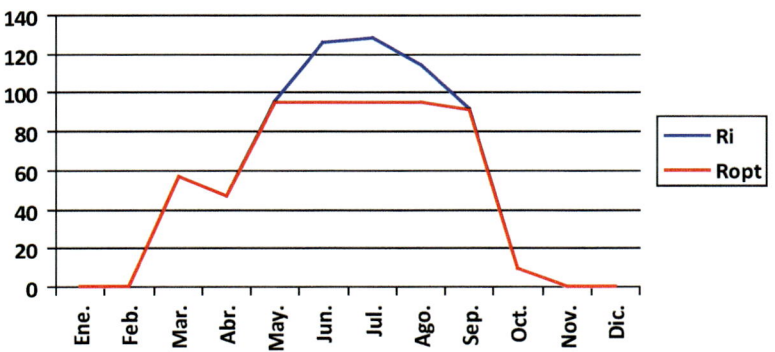

Gráfico 2.2. Comparación entre un riego inicial (en azul) y otro optimizado (en rojo).

Este agua podrá consumirse como complemento al riego a lo largo de la estación, siendo más recomendable programar su consumo en la época de máxima demanda (verano), de modo que los volúmenes de agua manejados por hectárea sean mínimos, lo que permite abaratar la instalación de riego. Por todo lo comentado, puede afirmarse que el suelo tiene una influencia muy destacada en la programación de los riegos.

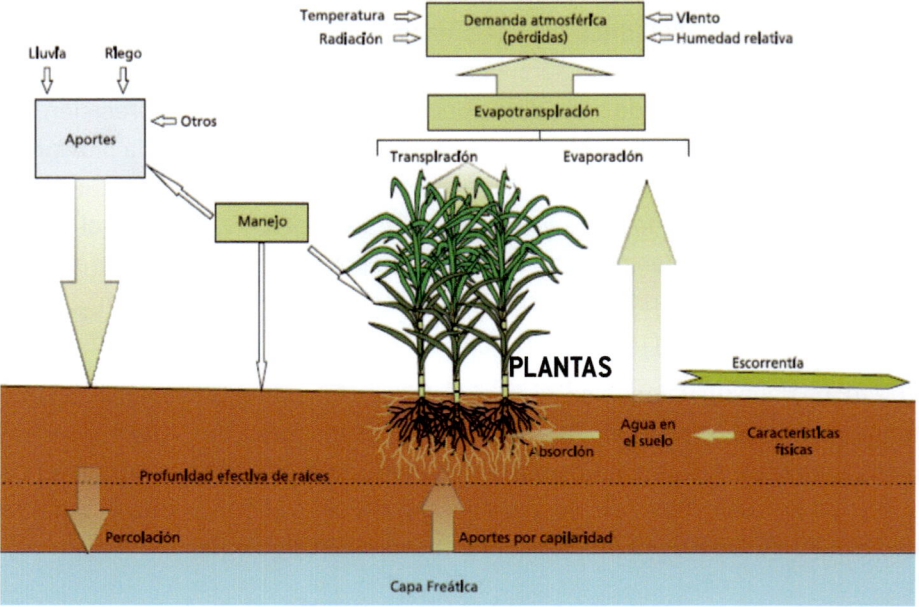

Fig. 2.11. Balance hídrico en un cultivo agrícola.

2.3. Sistemas de riego

Actualmente se dan tres tipos principales de sistemas de regadío: en superficie o por gravedad (varios subtipos), por aspersión y el riego localizado o por goteo/microaspersión.

La principal ventaja del riego por goteo es que permite regar si escasea el agua o esta resulta ser costosa, si la topografía del terreno es irregular o si la permeabilidad que presenta el suelo es inadecuada para otros tipos de riego. El inconveniente más destacado es la obstrucción de los goteros por las partículas del suelo y/o debido a precipitados de material orgánico e inorgánico que pueda portar el agua.

Una de las características de los riegos localizados de alta frecuencia, entre los que se sitúa el goteo, es precisamente la localización, es decir, el hecho de aplicar el agua solamente a una parte del suelo. Se denomina bulbo húmedo a la parte de suelo humedecida por un emisor de riego localizado.

Para climas áridos con suelos arenosos y salinos o aguas de mala calidad, las irrigaciones por superficie o por aspersión son poco eficientes. A diferencia con los riegos de gravedad o los aspersores, los goteros dependen tan solo del sistema hidráulico empleado en la red de distribución y no de las condiciones edáficas o climáticas, aunque presenta ciertos inconvenientes, como el atoramiento de los orificios debido principalmente a su pequeño tamaño.

La sistematización de una parcela con riego por goteo se configura en una serie de sectores o unidades operacionales de riego, de superficies relativamente pequeñas y controladas por electroválvulas, cada una de las cuales constan de varias subunidades con reguladores de presión. Las unidades de riego se sitúan generalmente al inicio de una tubería secundaria, mientras que las subunidades lo están al comienzo de las tuberías terciarias, desde donde arrancan las tuberías portagoteros.

2.3.1. Riego a pie

Se corresponde con el antiguo sistema de regadío superficial por inundación de la parcela de cultivo, que toma el nombre de «riego a manta/pie o por tablares». Actualmente se aplica principalmente a los cultivos de arroz, cuyo manejo demanda este sistema de irrigación tradicional. Para su instalación, el terreno debe ser trabajado de tal forma que las áreas a irrigar serán prácticamente horizontales, las cuales irán rodeadas por pequeños diques de tierra que contendrán el agua. Esta modalidad se caracteriza porque

Fig. 2.12. Riego por inundación en cultivo de cebollas.

una vez que la parcela ya se ha irrigado completamente, se cierran las entradas y salidas de agua en la misma y no hay circulación hídrica sobre la superficie del suelo, produciéndose infiltraciones edáficas y evaporaciones atmosféricas. Este tipo de riego, además de consumir mucho volumen de agua, tiene también un efecto negativo sobre la compactación de suelos.

El «riego manual a pie» se realiza con mangueras y es un sistema tradicional de irrigación que todavía se sigue utilizando actualmente, siendo necesaria en cualquier jardín o huerto pequeño. Su empleo abarca, principalmente, desde todas aquellas necesidades hídricas puntuales que se dan a diario en un jardín con un sistema de riego automatizado hasta cubrir toda el agua que se debe aportar a un pequeño huerto.

Fig. 2.13. Riego tradicional con manguera para pequeños jardines y huertos.

2.3.2. Riego localizado

Este sistema de riego se basa en aplicar pequeños caudales de agua y a baja presión, mediante goteros (emisores), sobre un volumen de suelo reducido y generando un consumo hídrico muy inferior a cualquier otro tipo de riego. El flujo de agua en los goteros es variable según la presión, pudiendo estar comprendido entre 2 y 8 litros/hora, si bien los hay que suministran un caudal fijo con independencia de las variaciones de presión, debido a su capacidad para poder autocompensar esta variable física. El sistema debe tener la capacidad para suministrar la máxima demanda diaria en menos de 16 horas, al objeto de tener tiempo para llevar a cabo revisiones, reparar averías o atascos, etc.

Entre las ventajas del riego por goteo, cabe destacar:

- Muy adecuado para cultivos en línea.

- Escaso consumo de agua respecto a otros métodos: a) se consigue un buen control de la uniformidad y la dosis de riego, sin grandes requerimientos topográficos ni problemas con los vientos; b) evaporación reducida.

- Incremento de los rendimientos vegetales con aplicaciones de riegos ligeros y frecuentes.

- No hay problemas con el lavado foliar debido a que la parte aérea no se moja; con ello los ataques criptogámicos y sus tratamientos no son afectados por el riego.

- Posibilidad de riego a cultivos sensibles a las aguas salinas.

- El agua de riego no interfiere sobre la diseminación de semillas.

- Fácil automatización de riego a 24 horas.

- Versatilidad para implementar sistemas de fertirrigación.

Entre los principales inconvenientes pueden destacarse:

- Posible obturación de los orificios de desagüe; para evitarlo se deben utilizar sistemas de filtrado muy eficientes.

- Contraindicado para suelos pesados, así como el difícil control de la salinidad creada en superficie.

- No se crean variaciones considerables de producción cuando el agua es de buena calidad.

- No está indicado en el caso de cultivos no alineados (hileras).

2.3.3. Riego en superficie

Constituye una técnica milenaria de riego que actualmente se sigue utilizando con variaciones muy diversas. El agua se aplica directamente sobre la superficie del suelo y por acción de la gravedad va escurriendo a favor de la pendiente, disminuyendo el caudal hídrico a medida que avanza el frente de avance. Con este sistema de riego se debe utilizar un gran volumen de agua.

Se llaman caceras las zanjas o asurcado que se realizan en el suelo natural para conducir la escorrentía hídrica superficial que origina la lluvia o el riego, y alcorques los hoyos rodeados por un pequeño alomado térreo, dispuestos al pie de los árboles con el objetivo de acumular agua. Tanto los alcorques como las caceras corresponden a sistemas de riego por superficie.

La característica fundamental que definen los riegos a gravedad es que el propio suelo actúa como un sistema de distribución hídrica en la parcela de riego, escurriendo el agua desde la cabecera hasta la cola de la misma.

Las principales pérdidas de agua se deben a:

- La escorrentía hídrica superficial: condicionada por la geometría de la superficie (plana, ondulada…), forma de la parcela (rectangular, cuadrada, etc.), pendiente y rugosidad.

- Percolación profunda: debido a las características hidrofísicas del suelo, tales como la textura, estructura y porosidad.

El riego por superficie resulta indicado particularmente para terrenos llanos o con pendientes muy suaves; en caso contrario sería necesario realizar una explanación del terreno. Entre los aspectos negativos del riego por superficie, destaca el bajo rendimiento respecto a las irrigaciones presurizadas (aspersión y goteo), la lixiviación de nutrientes, pérdida de suelo por erosión y la imposibilidad para dotar al cultivo vegetal de dosis pequeñas de agua durante la nacencia por aparición de costra superficial. También debe diseñarse un buen sistema de drenaje para evitar problemas de salinidad.

Para poder controlar las aplicaciones de los riegos es preciso sistematizar la tierra en lotes o elementos de operación, llamados canteros, delimitados y cerrados por lomos, caballones o almorrones, que servirán de guías en el avance de la escorrentía hídrica que fluye a gravedad sobre un suelo llano o en pendiente. Según la inclinación que tenga el terreno de cultivo, los riegos a gravedad se pueden clasificar en irrigaciones por escurrimiento, cuando hay una suave pendiente, y por inundación o infiltración, cuando esta no existe, siendo el suelo de cultivo totalmente plano (horizontal).

Dentro de cada grupo, los riegos por superficie se pueden clasificar en:

a) Inundaciones a nivel (terreno sin pendiente u horizontal):

- Cubrición total a manta:
  - Por tablas.
  - Por fajas o amelgas.
- Cubrimiento parcial:
  - Surcos a nivel.
  - Alcorques (pozas o pocetas) y caceras (pequeñas zanjas).

b) Escurrimientos en suelos inclinados:

- Cubrición total a manta:
  - Por tablas.
  - Por fajas o amelgas.
- Cubrimiento parcial:
  - Surcos en pendiente.
  - Caceras y alcorques en terrenos inclinados.

2.3.3.1. Riego por tablares

Es el sistema de mayor antigüedad y, actualmente, todavía uno de los más usados en agricultura. Se basa en hacer discurrir el agua por el terreno, y según el

tipo de suelo, su nivelación y cultivo, la infiltración varía de una forma u otra. La geometría de la superficie a regar, el tablar, es generalmente cuadrada o rectangular, y su tamaño suele variar entre 0,3 y 0,7 ha. Se caracteriza porque la parcela deberá estar perfectamente nivelada y la escorrentía hídrica superficial avanza debido a su propia inercia (gravedad). Requiere de una buena nivelación de la superficie de cultivo, sin pendientes o con inclinaciones muy suaves, inferiores al 1 %, y un gran flujo de agua, en torno a 1,6 litros por segundo (l/s) para cubrir una hectárea de terreno.

Su principal ventaja es de tipo económico, ya que sobre terrenos relativamente llanos es posible instalar este sistema con un bajo coste. Asimismo, los gastos de mantenimiento son moderados. La desventaja más importante que presenta este tipo de instalación es la dificultad para poder aplicar el agua de forma eficiente, debido a que las pérdidas por percolación pueden ser elevadas, especialmente si el suelo es arenoso.

Los canteros definidos (de geometría cuadrada o rectangular) en un sistema de regadío por tablares, ya sea por inundación o por escurrimiento, riegan a manta con cubrición total, es decir, que aportan el agua sobre toda la superficie definida por el tablar, cuyo suelo es horizontal o presenta una pendiente muy suave y un contorno circundado por lomos o caballones, que debe adaptarse a divisiones rectangulares; de modo que al aplicar el riego en estos canteros planos, el denominado frente de avance del agua es ancho, de ahí que se llame riego a manta. El caudal aplicado debe ser alto (> 2 l/s y por cada metro de anchura del tablar) a fin de que la escorrentía hídrica fluya con rapidez.

El riego por tablares está indicado en suelos con baja tasa de infiltración y una elevada capacidad para retener el agua. Es el sistema tradicional de riego utilizado en los arrozales, cuyo terreno de cultivo deberá estar nivelado, pero no siendo necesaria una gran precisión, aunque actualmente se nivelan con tecnología láser. Los riegos deben ser frecuentes para mantener una lámina de agua en el suelo.

Fig. 2.14. Sistema de canteros en arrozales.

Los canteros más tradicionales presentan una dimensión superficial reducida y están alimentados con agua suministrada desde acequias, trazadas en alineación perpendicular a la dirección de mayor longitud (largo). El riego se realiza manualmente, lo que implica un escaso nivel de uniformidad. En cambio los canteros más modernos están nivelados con una mayor precisión, son de grandes dimensiones y el agua se aplica desde canales con compuertas.

Cuando se vierte un determinado gasto hídrico a una superficie de cultivo, las características geométricas del cantero influyen sobre la corriente de agua libre y su altura o dosis de riego H_i aplicada en el suelo no es uniforme. Para un riego efectuado a manta su distribución quedará determinada por el denominado tiempo de recubrimiento.

2.3.3.2. Riegos por surcos

Para una parcela sistematizada con un sistema de riego en surcos, el agua discurre por el suelo y una parte de la plantación, la que ocupa la parte superior de los lomos, no llega a inundarse. Los surcos deben estar dispuestos con una pendiente nula o suave y uniforme, aplicándose pequeños caudales para lograr que la escorrentía hídrica se vaya infiltrando en el perfil edáfico a la vez que va escurriendo superficialmente. Debajo de la unidad irrigada se debe incluir una red de drenaje para evacuar los caudales de agua sobrantes.

Este tipo de riego, junto al de tablares y fajas, conforman las denominadas irrigaciones por superficie a gravedad. Se caracteriza porque la superficie de cultivo está ondulada, formando canales a lo largo de los cuales circula el agua de forma independiente. La correcta explanación es muy importante para que la escorrentía hídrica fluya sin dificultad, sin encontrar obstáculos en su recorrido, pero sin causar erosión.

Al igual que sus homólogos por tablares y fajas, requiere de una buena nivelación del terreno, aunque no muy precisa, con pendientes nulas o inferiores al 2 % y un flujo hídrico en torno a 1,2-1,6 l/s y hectárea. Este sistema es adecuado para suelos donde la penetración del agua sea lenta. Las ventajas e inconvenientes resultan ser similares a las descritas para el riego por tablares.

El riego mediante surcos es el sistema de irrigación por superficie mas eficiente, y actualmente sigue siendo utilizado tanto por países en vías de desarrollo como por otros más avanzados a nivel técnico-agrícola. La incorporación de nutrientes al agua de riego es un método de fertilización eficiente y económico, que, además, evita posibles daños cuando el cultivo está ya establecido; pero el obtener unos resultados que sean satisfactorios no es fácil, ya que la eficiencia de la fertilización dependerá en gran medida de las variables de riego.

Dentro de las modalidades de irrigación por gravedad, el riego mediante surcos necesita normalmente menos caudal de agua para regar adecuadamente la misma superficie que por inundación o escorrentía en tablar, siendo menores las pérdidas por filtración profunda. De otro lado, evita el que aparezcan posibles enfermedades en cultivos como el maíz, algodón, tomate, melón, los cítricos (naranjo, limonero…) o la remolacha, entre otros, al no existir contacto directo agua-planta (parte aérea).

El riego por surcos es utilizado para cultivos en línea con una plantación sobre caballones. La distancia de separación entre líneas es fijada por el ancho de trabajo de las cosechadoras, siendo 75 cm un valor usual. No está indicado para suelos con baja conductividad lateral, por no alcanzarse un humedecimiento aceptable a nivel radicular, lo que podría incurrir en un estrés hídrico.

Las hortalizas pueden colocarse de varias formas diferentes en el terreno, teniendo en cuenta orientarlas de levante a poniente para que no se den sombra unas a otras. Una disposición de las más utilizadas es en línea sobre surcos. Es un sistema tradicional, basado en una serie de lomos de anchura diferente (lo normal es en torno a 30 cm), de longitud variable y separados por pequeñas acequias. Esta disposición se adapta muy bien a cualquier forma o tamaño de huerto y no necesita de una gran inversión, bastando con herramientas manuales (azada, legón, etc.) para huertos pequeños o un motocultor (mula mecánica) para los de mayor superficie. Las acequias formadas entre surcos actúan como lugares de paso y para el agua de riego.

Fig. 2.15. Aplicación de un riego sobre un cultivo de lechugas en surcos.

2.3.3.3. Riegos por fajas o amelgas

Con el riego por fajas o amelgas la división superficial de la parcela se realiza en áreas o unidades rectangulares, largas y estrechas, delimitadas entre sí por pequeños alomados, cuyo terreno presenta pendientes nulas o suaves en función de cada tipo de suelo y del caudal de agua disponible. Se trata de un método de riego adecuado para terrenos con pendiente suave y una tasa de infiltración media-baja. De otro lado es un sistema de riego especialmente indicado para cultivos densos (alfalfa, pastos, cereales, etc.).

La anchura de las fajas o amelgas varía en función de cada especie cultivada; por ejemplo, en plantaciones frutales toman un ancho considerable respecto a la distancia entre líneas de plantas. Para el caso de los cereales y las plantas forrajeras la anchura varía entre los 5-60 m en función del caudal disponible.

El avance frontal de la escorrentía hídrica será relativamente lento como para satisfacer el objetivo de que se pueda infiltrar el agua en toda la anchura de la faja y a la vez evitar pérdidas desmesuradas por infiltración profunda en la cabecera. El caudal aportado suele oscilar entre 1 y 15 l/s por cada metro de anchura de la faja, según el tipo de suelo y el valor de la pendiente.

En los riegos por superficie a nivel general han de considerarse determinados rasgos, tales como:

- Los canteros han de ser funcionales para permitir la ejecución de diferentes faenas en el cultivo.

- La sistematización de tierras en relación al riego por superficie debe incluir un sistema de drenaje para evitar encharcamientos prolongados.

- La aplicación de riegos frecuentes aconseja la implementación de sistemas de distribución automáticos.

- El riego por inundación ha de ser destinado a suelos de infiltración lenta y a cultivos no sensibles al encharcamiento.

- Se deberán evaluar los efectos de la lixiviación de nutrientes y el riesgo a la salinización.

- El riego por superficie requiere de una nivelación adecuada, que se deberá realizar previamente.

- En un riego por surcos en un suelo de textura media y de carácter salino, las sales tienen propensión de acumularse sobre los lomos.

- El riego por surcos es un sistema generalmente más eficiente y adecuado entre los tipos de irrigación por superficie.

- En inundaciones a nivel se realiza una nivelación con láser para obtener una racional sistematización de grandes unidades funcionales.

2.3.4. Riego enterrado

El sistema de riego subterráneo es poco usado por su alto coste de instalación, quedando relegada su aplicación a superficies cultivadas de pequeña extensión. Su instalación se basa en una red formada por tubos porosos/filtrantes enterrados, por los cuales circula el agua de riego que se aplica en el suelo por exudación hídrica.

El riego por exudación es un sistema de irrigación que aplica el agua de forma continua mediante un tubo poroso, el cual va exudando agua en toda su longitud y en la totalidad o parte de su área superficial. El agua exudada por los pequeños poros de la pared porosa de la manguera produce una banda húmeda continua, uniforme y más o menos ancha en toda la longitud que definan las líneas de riego instaladas.

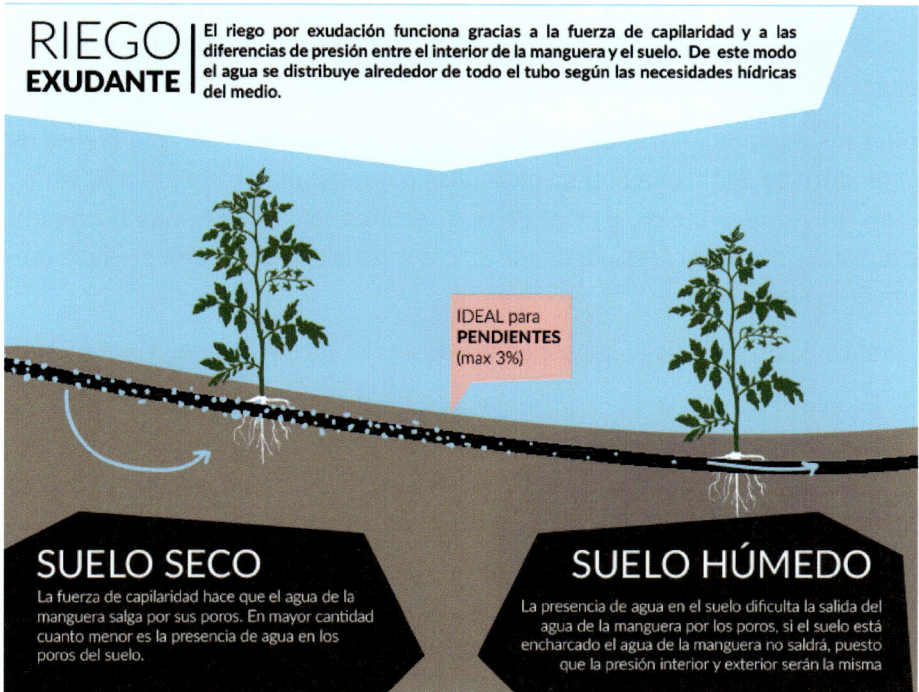

Fig. 2.16. Sistema de riego por exudación.

El riego por exudación funciona gracias a la fuerza de la capilaridad y a las diferencias de presión entre el interior de la manguera y el suelo. Estos factores están determinados por la composición, textura (proporción de arena, limo y arcilla) y estructura del suelo, así como por el contenido de agua en sus poros. En un suelo seco, la fuerza de capilaridad y la menor presión del medio (comparada con la del interior del tubo) hacen que salga el agua en mayor cantidad. Pero cuando el suelo está húmedo, los poros edáficos están llenos de agua. La fuerza de capilaridad y la diferencia de presiones son menores, con lo que la manguera emanará menos agua, o ninguna en caso de que el medio esté totalmente saturado. De tal modo, serán las necesidades hídricas del suelo las que determinan el caudal de agua exudado por el tubo. Si este se instala enterrado ligeramente, se incrementará la superficie de contacto suelo-tubo.

2.3.5. Riego por aspersión

Con este sistema se aplica el agua en forma de lluvia. Es muy utilizado en terrenos de topografía irregular, no nivelados, o en suelos poco uniformes o porosos, con una velocidad de infiltración excesiva o inadecuada. Por otro lado, si la disponibilidad hídrica es limitada, o si requiere de una protección antiheladas, puede aplicarse un riego por aspersión. Para su funcionamiento, necesita de un flujo acuoso continuo igual a 1 litro por segundo y hectárea, bastante más bajo respecto a los riegos por gravedad.

Todos los equipos utilizados están formados básicamente por una fuente de suministro de agua, una bomba hidráulica para impulsarla o extraerla, varios filtros, un ramal principal y otros de tipo secundario para distribuir la corriente hídrica y los aspersores por donde sale la misma con una cierta presión, previamente fijada.

Entre los equipos de riego por aspersión destacan los siguientes:

a) Equipos con ramales portátiles de acople rápido, utilizados en cultivos de bajo porte (hortalizas). Su cuerpo principal está constituido por tuberías de aleación ligera, donde se localizan los aspersores, cuyo acople se realiza por medio de un sistema rápido que facilita su traslado.

b) Equipos de pivote central (autopropulsados), que presentan movimiento circular y una gran capacidad de riego. En ellos, los ramales secundarios, así como los aspersores, se disponen sobre una estructura móvil con ruedas. Además, por ser de funcionamiento casi automático, son muy aconsejables para grandes extensiones. Sus principales inconvenientes están en que necesitan grandes caudales de agua y se deben eliminar todos los obstáculos que impidan el movimiento de la gran estructura metálica sobre la cual se dispone la instalación de riego.

c) Equipos de avance lateral, de funcionamiento similar a los anteriores, de los que se diferencian por moverse paralelamente a las líneas de cultivo, en lugar de con un movimiento circular. Sus ventajas e inconvenientes son semejantes a los equipos de pivote central.

d) Equipos de cañón (autopropulsados), que se componen de una tubería de polietileno (PE) que finaliza en un gran aspersor (cañón) montado sobre un carro portante. Su principal ventaja radica en la gran flexibilidad operativa, ya que son fáciles de trasladar, y su principal inconveniente se debe al gran consumo energético.

e) Equipos con alas regadoras, cuya instalación se compone de una tubería de PE que finaliza en una barra con aspersores montada sobre un carro portante. Su funcionamiento es similar a los equipos de cañón.

Entre las principales ventajas que presenta el riego por aspersión destacan estas: evita pérdidas excesivas por percolación y permite una buena uniformidad en la distribución del agua. Por contra, el inconveniente más destacado sería la elevada inversión económica que requiere su montaje inicial. Además, el agua de riego debe tener bajos contenidos en sales, ya que podrían depositarse sobre la parte aérea de las plantas y ocasionarles daños considerables.

Los aspersores montados en equipos móviles toman el nombre de «carros de riego», cuyas unidades irrigan desde pequeñas áreas a grandes extensiones de superficie. Un tipo de carro muy popular para cubrir grandes áreas es el sistema de riego por pívot. Esta máquina gira en torno a un punto central y puede tener un diámetro de hasta 2 km. También se utilizan los cañones de riego. Los carros de riego giran alrededor de un centro y no se pueden trasladar a otra ubicación sin desmantelarse totalmente para su transporte. La instalación de un embalse que iguale la diferencia entre la reserva de agua y su demanda máxima implica el cálculo de aquel. Por otro lado, los tanques de agua son construidos usando chapa metálica o elementos prefabricados de hormigón.

El riego por aspersión es un método de riego que trata de simular el aporte de agua como la que se produce por la lluvia natural. Hasta el momento de salida del agua por la boquilla, la corriente tan solo estará condicionada por el sistema físico proyectado. La clasificación de los distintos tipos de riegos por aspersión se realiza en función de la movilidad que presentan sus diversos elementos, por cuánto esta influye sobre los gastos de inversión, y de la flexibilidad de los programas de riego, que influyen en los costes de explotación y producción:

Fig. 2.17. Cañón de riego.

Tipos de sistemas de riego por aspersión (J. M. Tarjuelo, 1999):

Estacionarios
- Móviles semifijos { — Tubería móvil (manual o motorizada).
- Fijos {
  - — Tubería fija.
  - — Permanente (cobertura total enterrada).
  - — Temporales (cobertura total aérea).

Desplazamiento continuo
- Ramales desplazables { — Pivot o pivote (desplazamiento circular).
- Aspersor gigante {
  - — Lateral de avance frontal.
  - — Ala sobre carro.
  - — Cañones viajeros.
  - — Enrolladores.

 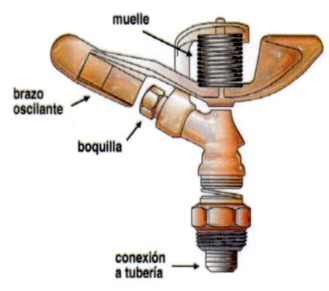

Fig. 2.18. Aspersor en funcionamiento (izqda.) y partes del mismo (dcha.).

A. Convencionales:

   a. Fijos: las tuberías están en la parcela cubriéndola toda uniformemente y el equipo no precisa de transporte durante la campaña.

      i. Permanentes: están siempre fijos.

      ii. Amovibles: la red de distribución principal puede ir enterrada. Los ramales de aspersión y las tuberías secundarias se retiran al final de cada campaña de riegos. Las partes móviles pueden estar normalizadas.

   b. Semi-fijos: una parte de la red de distribución está enterrada, con bocas que abastecen a ramales de aspersión móviles, de modo que cuando los aspersores han aplicado la lámina de agua en una determinada ubicación han de ser movidos a otra nueva posición.

      i. Transporte manual.

      ii. Transporte mecanizado.

         • Por arrastre longitudinal con un remolque.

         • Por traslación transversal de los ramales rodantes o sobre torres autopropulsadas.

      iii. Cobertura total

   c. Móviles: la tubería principal, cuando existe, es totalmente móvil. Todas las tuberías deberán ser ligeras y resistentes a los golpes, como por ejemplo el aluminio.

B. Otros:

   a. Pivotantes.

   b. Otras máquinas regantes.

En los sistemas de riego pivotantes resulta importante saber diferenciar a los carros de riego por pívot, que realizan irrigaciones con una trayectoria circular (cubriendo un diámetro de hasta 2 km), debido a que pivotan sobre la toma de agua, de los carros de riego con avance lateral, denominados «rangers», que son idénticos a los primeros excepto que se desplazan horizontalmente a lo largo de un canal que hace de guía y también como toma de agua.

Entre las ventajas del riego por aspersión, destacan:

• Escasas exigencias de la explanación topográfica.

• La dosis dependerá tan solo del tiempo de postura; para bajos requerimientos de presión de riego es más ventajoso que un sistema de riego por superficie.

- Indicado para suelos con alta capacidad de filtración y superficies de condiciones hidrofísicas muy heterogéneas o suelos de textura ligera extrema.

- Buenos resultados para riegos de preemergencia.

- Apropiado para el control de la salinidad y lucha contra heladas.

- El control de riego está limitado solo por las condiciones atmosféricas.

- Precisa poca experiencia del regante, necesitando una escasa mano de obra y son muy susceptibles de ser automatizados.

Fig. 2.19. Pívot de riego (izq.) y aspersores (dcha.) en cultivos herbáceos.

Respecto a los inconvenientes del riego por aspersión, se pueden mencionar:

- Alto coste de inversión y de la energía necesaria.

- No indicado para suelos con una lenta infiltración.

- Escasa uniformidad hídrica con el viento.

- Requiere ausencia de obstáculos para el desplazamiento de las ruedas.

- Favorece la formación de alta humedad, que puede crear unas condiciones favorables para el desarrollo de insectos y hongos, aún más cuando el agua de riego contiene propágulos.

- No aconsejable para cultivos de arroz, tomate, pimiento, uva y fresa.

- Exige agua no corrosiva.

- Puede provocar lavado de productos fitosanitarios.

2.4. Eficiencia del riego

El agua constituye un factor esencial en la producción agraria. Una aproximación sobre el estudio de la disponibilidad de los recursos hídricos estriba en el conocimiento de tres aspectos:

- Identificación de los principales usuarios.

- Análisis de los usos en diferentes niveles de agregación.

- Empleo del agua en actividades agrarias (relación cantidad/calidad y consumo/retorno).

Una manera de abordar la eficiencia en el uso del agua es la denominada eficiencia técnica del riego, que expresa la relación entre la cantidad de recursos hídricos necesarios y los realmente utilizados. Constituye un excelente indicador para conocer el uso efectuado de un recurso regulado como es el agua y destinado a un fin concreto; a la par nos arroja información sobre la fracción del agua que se aplica de manera innecesaria o incorrecta. De tal modo, podría decirse que regar de manera eficiente es una forma de guardar agua en los puntos de almacenamiento que podrían ser destinados a otras aplicaciones.

A pesar de que los factores más relevantes de la eficiencia técnica de uso varían acorde a la actividad productiva, todos están ceñidos a dos aspectos: la eficiencia en la distribución hídrica justo antes del punto de acometida y la eficiencia con la que se utiliza el agua para un uso específico.

El modo usual de determinar las tarifas de agua dotada para el riego en una explotación agraria es con la lectura del contador, pero esta lectura física no facilita una información precisa porque no se considera el agua de retorno. Considerar el consumo frente al uso propina otra perspectiva para poder evaluar la influencia de la agricultura o de la industria agroalimentaria en el abastecimiento y el consumo total de agua.

La eficiencia técnica es un concepto que se entiende como el cociente entre el volumen de agua necesaria y la que se ha empleado realmente. Dependerá sobretodo de dos factores: la eficiencia en la red de distribución hídrica y la eficiencia con la que se utiliza el agua para un uso específico.

El uso de los recursos hídricos destinados al ámbito agrario que se consumen tiene varias componentes: aquellas para satisfacer las necesidades por evapotranspiración, otra parte derivadas de las prácticas inadecuadas y por último el agua que retorna a los cauces naturales.

Es necesario plasmar que el agua necesaria que se aplica por medio del regadío resulta superior al agua necesaria para un cultivo vegetal, pues hay que añadir el agua que interviene en mantener un balance hídrico en el suelo (procesos de lavado y lixiviación).

Estrategias para aumentar la eficiencia en el riego

El agua es un recurso cada vez más escaso, acentuado por el cambio climático que se manifiesta mediante largos periodos con escasez de precipitaciones anuales. Ante dicho escenario se hace indispensable llevar a cabo estrategias agronómicas que incidan en optimizar el uso del agua.

Entre las diferentes estrategias podrían destacarse:

a) Estrategias previas a la plantación:

- Elección de cultivos acorde a condiciones edafoclimáticas: aquellas estrategias encaminadas a la selección de los condicionantes edafoclimáticos, de modo que se incide sobre la elección de especies y variedades con aptitudes fisiológicas que otorguen su máximo potencial productivo con los recursos hídricos disponibles.

- División en sectores acorde a las características físicas del suelo: con el conocimiento del suelo (relieve, tipo de suelo, composición, estructura, etc.) y la posterior división en sectores de riego similares, podrá obtenerse un manejo del agua más eficiente y uniforme, pudiendo seleccionar un sistema de riego adecuado a los parámetros edafoclimáticos existentes en la zona.

- Estimación de las necesidades y disponibilidad de agua: una evaluación de la disponibilidad de agua para riego y la eficiencia de aplicación en el sistema de riego resulta fundamental para determinar la superficie de riego de la que se pueda obtener el mayor potencial productivo.

b) Estrategias en plena producción:

- Programación del riego: la evaluación del agua que será necesario aportar a los cultivos será equivalente a la cantidad de agua evapotranspirada, con la finalidad de obtener el potencial productivo; además, deberán considerarse las precipitaciones.

Fig. 2.20. Emisor hídrico (gotero y portagotero) para riego por goteo.

Fig. 2.21. Riego agrícola mediante aspersores.

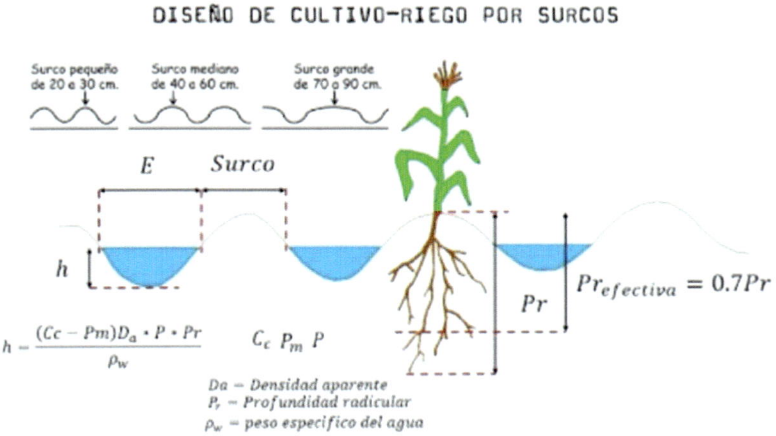

DISEÑO DE CULTIVO-RIEGO POR SURCOS

Surco pequeño
de 20 a 30 cm.

Surco mediano
de 40 a 60 cm.

Surco grande
de 70 a 90 cm.

E *Surco*

h

$$h = \frac{(Cc - Pm)D_a \cdot P \cdot Pr}{\rho_w}$$

$C_c \; P_m \; P$

Pr

$Pr_{efectiva} = 0.7Pr$

Da — *Densidad aparente*
P_r — *Profundidad radicular*
ρ_w — *peso específico del agua*

Fig. 2.22. Diseño de surcos para riego.

- Control de riego: en cualquier sistema de riego es imprescindible realizar un control del riego con el objetivo de detectar cualquier tipo de incidencia que pueda conllevar pérdidas de agua como pueden ser las fugas, o por lo contrario no llevarse a cabo como es el caso de obstrucciones o disfunciones de elementos del sistema de riego.

c) Estrategias de riego deficitarias: en épocas de reducida dotación hídrica, se pueden llevar a cabo estrategias de riego deficitario controlado, consistente en el menor aporte de agua para determinados periodos del desarrollo vegetal.

Una práctica que permite reducir la evaporación directa desde el suelo es hacer riegos de mayor duración pero en menor frecuencia, con lo que se consigue el agua en superficie. Como ejemplo, dicho efecto es el que se logra con el sistema de riego por goteo.

2.5. Uniformidad del riego

El propósito de cualquier cultivo en un sistema de riego es la consecución del potencial productivo, tanto en cantidad como en calidad, en caso contrario de no conseguirse puede acarrear resultados adversos e incluso hasta dañar el suelo. Para tal cometido es de capital importancia lograr una homogénea distribución del sistema de riego en la superficie a través de los emisores, ello se logrará con un adecuado diseño y equipamiento.

Una manera de cuantificar la eficiencia de un riego es el parámetro de coeficiente de uniformidad (CU), de modo que si el agua no se distribuye homogéneamente en la unidad de riego habrá zonas que perciban menor cantidad de agua respecto a otras, con cual para contrarrestar dicho efecto el sistema deberá estar más tiempo regando, con las repercusiones en que ello incurre como pueden ser entre otros el despilfarro de agua y de fertilizantes en el caso de riego por goteo.

Los aspectos a considerar para mantener correctos niveles en el coeficiente de uniformidad son:

- Correcto diseño y equipamiento acorde a las características de la plantación.
- Calidad en el agua de riego. Aguas con altos niveles de salinidad inciden en mayor tasa de obturación de los emisores.
- Adecuado mantenimiento del sistema de riego.
- La presión del agua deberá estar sujeta a un sistema de válvulas hidráulicas de control y presostato.
- Es necesario contar con un adecuado sistema de filtración especialmente dotado para el tipo de plantación.

Para la determinación de la uniformidad en los sistemas de riego se han dispuesto varios métodos.

Coeficiente de Uniformidad (CU)

El Coeficiente de Uniformidad de Christiansen, a efectos prácticos, estima cuánto de iguales o desiguales son las tasas de aplicación a través de los emisores.

Un CU bajo refleja unas tasas de aplicación muy desiguales, mientras que un alto CU indica que los emisores liberan casi la misma agua. Se trata de un parámetro especialmente indicado para el riego por aspersión influenciado por la manera en que se recolecta el volumen de agua emitida y los factores que influyen como son la velocidad del viento y la evapotranspiración, no obstante para el riego por goteo ofrece una aproximación válida. Un valor de CU aceptable es aquel superior al 88 %, en caso de ofrecer valores menores indica un despilfarro de agua , originándose zonas con exceso de agua junto con zonas deficiencia hídrica en el mismo área de riego. La expresión empírica que permite obtener un valor aproximado para el coeficiente de uniformidad es:

$$CU(\%) = \frac{q_{25}}{q_m} \cdot 100$$

Siendo:

- Q_m: caudal medio de una subunidad de riego.

- q_{25}: caudal medio de los emisores que constituyen el 25 % de los que erogan el caudal más bajo.

CU	Clasificación
>92 %	Excelente uniformidad
88 % - 92 %	Muy buena uniformidad
86 % - 88 %	Buena uniformidad
<86 %	Uniformidad aceptable para ciertos cultivos

Tabla 2.3. Valores y significado para el Coeficiente de Uniformidad.

Coeficiente de variación de fabricación (CVF)

Es un coeficiente que recoge los valores inherentes a un emisor en cuanto al diseño del emisor, materiales empleados y del cuidado y tolerancias admitidas en el proceso de fabricación. Sus valores idóneos deberán estar comprendidos entre 0,02 y 0,05.

Rango	Clasificación
≤0,04	Excelente
0,04 - 0,07	Medios
0,07 - 1	Marginales
0,11 - 0,15	Deficientes
≤0,15	Inaceptable

Tabla 2.4. Coeficiente de variación de fabricación.

Uniformidad de Distribución (UD)

Este método compara la lámina promedio de agua que cae sobre un 25 % de los recipientes que captan la menor lámina con la lámina promedio del 100 % del área. Como ventaja destaca que tiene en cuenta los datos más secos, pues tiene en cuenta los menores valores de aportación respecto a los valores promedios de toda el área de aplicación, lo que hace que sea un método más fidedigno que el CU. Dicho esto es un método muy indicado para el riego por goteo, siendo el valor mínimo aceptable del 79 %. La expresión analítica que permite calcular la Uniformidad de Distribución es:

$$UD(\%) = 100 \cdot \frac{L_{p25\%}}{\overline{X}}$$

Coeficiente de Uniformidad en la Emisión (UE)

Nos indica la uniformidad en la descarga de los emisores respecto al coeficiente de variación de fabricación. En sí mismo es similar a la uniformidad de distribución empleada en los sistemas de riego por aspersión, de modo que a este coeficiente se le ha otorgado como uno de los criterios más empleados en el diseño de sistemas de riego por goteo.

La UE se define como la descarga promedio de 25 % de los emisores verificados en la última descarga, dividido por el promedio de descarga de todos los goteros verificados. La expresión empírica que permite calcular el Coeficiente de Uniformidad en la Emisión es:

$$UE(\%) = 100 \cdot \left[1 - \frac{1,27 \cdot C_{vf}}{\sqrt{n}} \right] \cdot \frac{q_m}{q_a}$$

Donde:

- n: número de emisores muestreados.
- C_{vf}: coeficiente de variación de fabricación.
- q_m: gotero con la mínima descarga, expresado en l/h.
- q_a: promedio de descarga de los goteros, en l/h.

Variación de flujo o de caudal (FV)

Es la relación entre la variación del gotero que ostenta la presión más alta y el que ostenta la presión más baja en una subunidad de riego. Es recomendable que la variación de flujo no sea superior al 10 %. Su expresión analítica sería la siguiente:

$$FV(\%) = \frac{(Q_{max} - Q_{min})}{Q_{max}} \cdot 100$$

Consecuencias de una deficiente uniformidad

Los principales factores que influyen en la uniformidad de riego son:

- Factores constructivos: se estiman a partir del coeficiente de variación de fabricación en laboratorio.

- Factores hidráulicos: es la verificación de las diferencias de presiones y desniveles en el terreno, de modo que inciden sobre la descarga de agua de los goteros, así como en presiones para diferentes puntos de una subunidad de riego.

Una deficiente uniformidad al aplicar el riego conllevará a un mayor gasto de agua (l/h) en determinadas zonas de la parcela para satisfacer las necesidades hídricas del cultivo. De modo que unas áreas recibirán mayor aporte de agua, mientras que otras no la suficiente. Uniformidades bajas también es sinónimo de riego excesivo, lo cual acarrea un elevado consumo energético, la contaminación de aguas subterráneas y el empleo ineficiente de fertilizantes.

2.6. Cultivos hidropónicos

Los cultivos hidropónicos pueden suponerse que son de reciente aparición, asociándose a un sistema de cultivo moderno, pero en realidad se comienzan a desarrollar a partir del año 1600 con el objetivo de analizar la absorción de nutrientes vegetales. Ya hacia 1850 se utilizaron diversas técnicas enfocadas a comprender la nutrición de las plantas. Los cultivos hidropónicos tal y como se manejan actualmente, se iniciaron en la Universidad de California a partir del año 1930 con el desarrollo de los cultivos en balsas de arena.

El gran auge de los cultivos protegidos, debido al surgimiento de los plásticos, como material de cubierta de los invernaderos, junto al desarrollo de los sistemas de riego localizados y unido a la profusión de materiales como sustratos inertes, otorgaron el asentamiento definitivo de los cultivos sin suelo.

La característica principal del cultivo hidropónico radica en que para ninguna de las fases de su desarrollo interviene el suelo como matriz contenedora de nutrientes, aportándose estos en una disolución acuosa.

Las principales ventajas a destacar del cultivo hidropónico son:

- Posibilidad de manejo en cualquier estación del año(cultivo a contra-estación). Por adición se puede cultivar de manera ajena a los fenómenos meteorológicos.

- Ahorro sustancial de agua, pues también se permite su reciclado. Así como un menor empleo de fertilizantes e insecticidas.

- Mayor precocidad de los cultivos.

- Permite un menor ratio espacio/capital para una mayor producción.

- Se logra un mejor rebalanceo de fertilizante acorde a las necesidades del cultivo.

- Es apto para la producción de semilla certificada.

- Reducción de los costes de producción.

- Mayor control en la asepsia de las instalaciones.

- Posibilidad de producción con calidad superior a la obtenida en suelo (como es el caso de la flor cortada).

Entre los inconvenientes más reseñables tenemos:

- Alta inversión inicial, tanto de su instalación como de su mantenimiento.

- En caso de cultivos comerciales se precisa mano de obra especializada.

- Desaparición del efecto tampón del suelo.

Clasificación de los sistemas de cultivos hidropónicos:

- Cultivos en medio líquido:

  — Balsetas: forman el sistema originario de los cultivos hidropónicos. Se constituye por una balsa de hormigón en la que se coloca la planta sujeta por medio de una rejilla metálica.

  — Dobles balsetas: corresponde a una variante de las balsetas, en la que se dispone la solución nutritiva siguiendo un flujo ascendente, con una cámara de aire y una capa de arena en donde se fijan las plantas.

  — Canales.

  — NFT (*Nutrient Film Thecnique*).

  — Sistema NGS (*New Growing System*).

- Sistemas en sustrato:
  - Subirrigación.
  - Percolación.

Fig. 2.23. Hidroponía.

Fig. 2.24. Cultivos hidropónicos herbáceos.

2.6.1. Funcionamiento de los sistemas hidropónicos

Sistema NFT (*Nutrient Film Technique*)

También denominado técnica de la solución nutritiva circulante. Se caracteriza porque los nutrientes disueltos son transportados por medio del fluido, de manera recirculante, hasta su contacto directo con las raíces. En este sistema la solución nutritiva debe ser aireada o bien que las raíces de la planta estén en contacto con el aire. Para que esto sea factible, las plantas deberán estar sujetas, ya sea mediante enganches o por cables metálicos.

Este sistema fue ideado con la finalidad de reducir espacio partiendo de la base de crear una circulación continua de una delgada capa de solución nutritiva, a través del sistema radicular, por medio de una serie de canales con diferentes configuraciones, ya sea rectangular, escalonada, en zigzag o bien vertical. En cada canal existen una especie de aberturas en las que se ubican una serie de canastillas que sostienen a la planta.

Ventajas de este sistema:

- Ahorro sustancial de agua y nutrientes.
- Control preciso de la nutrición de la planta.
- Maximización del contacto de los nutrientes con el sistema radicular.
- Sencillez del sistema de riego, pues a la par que se prescinde de la esterilización del suelo, asegura una uniformidad en el aporte de nutrientes.
- Se acelera y facilita el tiempo de cosecha.
- Optimización en el aprovechamiento del espacio.

Inconvenientes:

- Se requiere de un ajuste preciso de la solución nutritiva según el estado fenológico de la planta.
- Costes iniciales mayores.

Sistema NGS (*New Growing System*)

Es un sistema modificado del NFT, con el que se consigue una mejora de la aireación del sistema radicular, con la particularidad de que el flujo de la solución nutritiva es continuo. El flujo de dicha solución nutritiva en este sistema logra que las raíces se extiendan sin restricciones.

Desde el punto de vista operativo, consiste en canales de polietileno flexible de color blanco en el exterior (para no absorber el calor) y en el interior se dispone según varias capas de plástico transparente, configurando diferentes estratos en los que se desarrolla el sistema radicular por donde circula la solución nutritiva al estar perforadas tales láminas. La pendiente de los canales será superior al 1 %.

Con este sistema la solución termina su recorrido siendo devuelta al contenedor inicial, tras lo cual se reponen los nutrientes absorbidos por el cultivo, homogeneizándose gracias a un sistema de agitación, de modo que posteriormente se vierten por medio de emisores y pone a disposición de las raíces todos los elementos necesarios para un óptimo desarrollo vegetal.

Además, otra finalidad de este sistema es la de eliminar los iones indeseables (compuestos de exudación de las raíces) y los no asimilados que se localizan en las inmediaciones del sistema radicular, contribuyendo a retirar los gases de la respiración de las raíces, como son el O_2 y el CO_2.

Conjuntamente al sistema de circulación de la solución nutritiva, existe una caldera de calefacción y un intercambiador de calor que permite mantener el agua de riego a una temperatura mínima de 20 ºC.

Sistemas en sustrato

Son sistemas en los que el sustrato no infiere aportando nada en la cuestión nutricional, de modo que la nutrición de la planta será a partir de una solución que será cíclica (recogiéndose el excedente del drenaje) o bien una solución a pérdida.

Existen dos sistemas para el aporte de la solución:

a) Subirrigación

En este sistema la solución se añade desde abajo hacia arriba por medio de una tubería con material poroso a través del cual circula la sustancia nutritiva que se exuda al exterior hasta saturar el sustrato, momento en el que se corta el flujo de la solución por la tubería y pasa a funcionar como tubería de drenaje.

b) Percolación

En este caso la solución nutritiva se aporta en superficie, humedeciéndose todo el sustrato por percolación, de modo que cuando llega al horizonte inferior del sustrato el exceso es recogido por una tubería de drenaje. Así se permite el uso de esta solución sobrante al captarse por el tanque de drenaje.

Para ambos sistemas hay que prestar atención a varios factores, entre los que destacan: evitar que la planta no padezca procesos de estrés hídrico, no se debe exceder el sustrato con las soluciones a fin de no acarrear un encharcamiento del sistema y el sometimiento de la solución a radiaciones ultravioleta para desinfectar y permitir su reutilización.

De manera práctica, el cultivo se consigue simplificar con el empleo de sacos, que envuelven al sustrato y sobre estos se cultiva la planta, a la que se le coloca un sistema de riego por goteo con el que se aporta la solución nutritiva. Para el drenaje se efectúan unas ranuras a ¾ del grosor del saco, disponiendo el fondo del saco de un reservorio de sustancias nutritivas.

Los sustratos más ampliamente utilizados son:

• Lana de roca.

• Perlita.

- Arenas.

- Turbas.

- Fibra de coco.

- Vermiculita.

Fig. 2.25. Cultivo hidropónico sobre fibra de coco.

Fig. 2.26. Sustrato para hidroponía.

2.6.2. Sustratos

Fruto del desarrollo tecnológico experimentado durante los últimos años, la agricultura también se ha visto beneficiada en aras de conseguir unos mayores rendimientos de la producción vegetal para una población creciente, así como unos mercados y consumidores cada vez más exigentes, quedando relegados los sistemas productivos tradicionales a un segundo plano. En la actualidad el agricultor dispone de una mayor cantidad de variedades vegetales mucho más productivas y a la par de nuevos materiales que en conjunto permiten un control ambiental más exhaustivo en alguna o en todas las fases productivas.

Entre los diversos motivos que deben resaltarse destacan principalmente dos:

- La existencia cada vez mayor de factores limitativos para lograr la continuidad de cultivos intensivos en el suelo (fitopatógenos, salinidad, acumulación de fitosanitarios, etc.).

- Necesidad de transporte de plantas a distintos lugares desde donde fueron cultivadas. Esto sucede especialmente en plantas ornamentales.

El desarrollo de sustratos agrícolas tiene su origen en el uso de los contenedores para el cultivo vegetal, que derivó en la búsqueda de nuevos materiales para satisfacer correctamente las necesidades hídrico-nutricionales de estas plantas, a diferencia de cultivar directamente sobre el propio suelo. Las características físico-químicas de los contenedores agrícolas son importantes para un correcto crecimiento vegetal, debido a la interacción entre los recipientes de cultivo y el manejo del complejo planta-sustrato.

Los sustratos agrícolas se definen como materiales sólidos diferentes al suelo, ya sean de naturaleza orgánica, mineral o sintética, que son empleados para el cultivo y la propagación de plantas en un contenedor. Han de tener la cualidad de proporcionar a la planta tanto el agua como los elementos nutritivos que requiera, así como la oxigenación adecuada del sistema radicular.

Los sustratos deben cumplir con cuatro funciones para la planta: proveer agua, dar un correcto aporte de nutrientes, permitir un adecuado intercambio gaseoso y servir de soporte físico para las plantas.

Existen diversas clasificaciones de los tipos de sustratos atendiendo a la índole de aplicación:

- Sustratos para producción viverística:
  — Sustratos para planta de temporada.
  — Sustratos para planta de interior.
  — Sustratos para planta de exterior.
- Sustratos para multiplicación de plantas:
  — Sustratos para semilleros.
  — Sustratos para enraizamiento de esquejes.
  — Sustratos para plantas forestales.
- Sustratos según el origen de los materiales:

— Materiales orgánicos.

- De origen natural.

- De síntesis.

- Subproductos.

— Materiales inorgánicos o minerales.

- De origen natural.

- De síntesis.

- Subproductos.

Dentro de las características que se deben tener en cuenta, destaca el factor de reactividad química, definiéndose como la transferencia de materia entre el sustrato y la solución nutritiva que será empleada por las plantas.

En función de dicho factor se podrán diferenciar principalmente dos tipos de sustratos:

a) Sustratos químicamente inertes.

b) Sustratos activos o químicamente no inertes.

2.6.2.1. Propiedades físicas de un sustrato

Las propiedades físicas de un sustrato vienen dadas inherentemente al tipo de material por el que están formados. Las más destacables son:

Granulometría. Característica que se debe al diferente tamaño de las partículas que componen un sustrato; ello redunda en la variación de las propiedades físicas en función de la distribución porcentual de cada uno de los rangos de tamaño. Se determina con una serie de tamices donde la abertura de cada tamiz es el doble de la anterior: 0,125 - 0,25 - 0,5..., por curvas granulométricas o bien mediante histogramas. En la práctica se recomienda una granulometría comprendida entre los 0,25 - 2,6 mm.

Estabilidad estructural. Es la susceptibilidad de un sustrato a mantener inalteradas sus propiedades físicas poco alteradas durante un tiempo suficiente para un ciclo normal de producción. Es deseable que un sustrato mantenga su volumen en el tiempo, sobre todo en lo referente a su contracción y compactación.

Densidad real. Esta característica se refiere a la relación entre la masa o peso de las partículas y el volumen real que ocupan sin incluir el espacio poroso.

Densidad aparente. A diferencia de la anterior, es la relación entre la masa o peso seco de las partículas y el volumen real que ocupan en condiciones de cultivo.

Espacio poroso total. Es el porcentaje de volumen de un sustrato que no está ocupado por el material sólido. Se suele expresar como el porcentaje respecto al volumen aparente del sustrato.

Una parte de este espacio, para el tamaño superior a 30 micras, será el que otorgue aireación a las raíces. Mientras el resto (menor a las 30 micras) influirá en la retención hídrica con la formación de una película de agua alrededor de las partículas del sustrato.

Los valores óptimos se estiman comprendidos entre el 70 % - 90 % del volumen del sustrato.

Capacidad de retención de agua. Corresponde a la cantidad de agua (expresada en gramos) que puede ser retenida por 100 g de sustrato después de haber sido saturado y de haber drenado toda el agua por el efecto de la gravedad.

Capacidad de retención de agua disponible. Es la fracción de agua que supone la capacidad de retención de agua y está disponible para las raíces de las plantas.

Fig. 2.27. Principales tipos de sustratos para hidroponía.

Fig. 2.28. Sustrato mezcla de turba (70 %) y perlita (30 %).

Capacidad de retención de agua no disponible. Es la fracción de agua que supone la capacidad de retención de agua no disponible para las raíces de las plantas.

Conductividad hidráulica. Expresa la capacidad de un sustrato para conducir el agua a su través. Esto implica la idoneidad de que el agua sea fácilmente conducida a través del sustrato para lograr que la misma llegue a las raíces con fluidez y también sin llegar a saturarlas durante un periodo de tiempo considerable.

Inercia térmica. Se entiende por inercia térmica a la dificultad de un sustrato a un cambio de temperatura; esto tiene una repercusión directa en los procesos que implican el manejo de un sustrato, especialmente redundado en las reacciones químicas y biológicas, la difusión de gases y el tránsito del agua. La temperatura tiene repercusiones directas sobre la nutrición y el crecimiento vegetal, además de otras cuestiones prácticas como son el compostaje y el calor energético en desinfección.

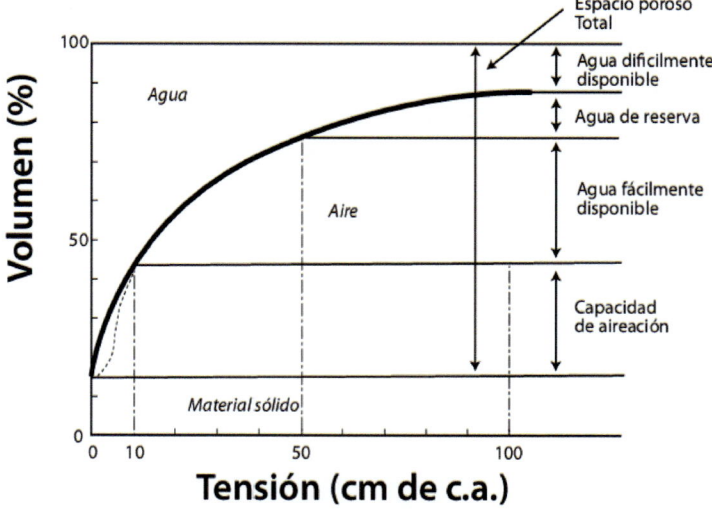

Gráfico 2.3. Representación gráfica de la curva de liberación de agua.

2.6.2.2. Propiedades químicas de un sustrato

Están ligadas a la transferencia de materia entre el material del sustrato y la solución nutritiva aportada que alimenta a la planta a través del sistema radicular. Esto estará intrínsecamente relacionado con la propia composición de los materiales y del modo en que están ligados entre sí y al propio medio.

Se podrán distinguir básicamente dos tipos de sustratos desde el punto de vista de las propiedades químicas:

- Sustratos químicamente inertes. Son aquellos que no sufren descomposición, de modo que no liberan elementos solubles, ni tampoco tienen la capacidad de absorción de elementos añadidos a la solución nutritiva.

- Sustratos activos químicamente o no inertes. Estos en cambio son aquellos que reaccionan liberando elementos por degradación, disolución o reacción de los compuestos que conforman el material sólido del sustrato. También por la absorción de elementos en su superficie, que pueden intercambiar con los elementos disueltos en la fase líquida.

Entre las propiedades químicas más destacadas de un sustrato tenemos:

pH. Este valor debe ser el idóneo para lograr una óptima asimilación de los nutrientes; con ello habría que poner en relieve que los sustratos han de tener poder de amortiguación en los cambios bruscos de pH.

El pH influye directamente en la asimilación de nutrientes por la planta; en su sustrato para valores de pH< 5 provoca deficiencias de asimilación de N, K, Ca, Mg y B, mientras que valores de pH<6,5 pueden incidir en una baja asimilación de P, Fe, Mn, B, Zn y Cu. Por otro lado pueden acontecer efectos de fitotoxicidad cuando el pH es inferior a 5, como es la formación de óxidos metálicos, ya que se hacen más solubles.

Relacionado con el pH es preciso mencionar la capacidad tampón de un sustrato, aludiendo al poder amortiguador sobre cambios en el pH por el aporte de fertilizantes. Dicha capacidad tampón aumenta con la capacidad de intercambio catiónico, de modo que será mayor en los sustratos orgánicos, ya que los complejos húmicos otorgan capacidad tampón en un amplio rango de niveles de pH.

Cuando un sustrato tiene un valor de pH con valores que escapan a los aconsejables, resulta necesario llevar a cabo correcciones con el aporte de elementos nutritivos principalmente.

Capacidad de intercambio catiónico (CIC). Este término alude a la capacidad que tiene un sustrato de absorber e intercambiar cationes por unidad de peso (o de volumen) del mismo. El valor de la CIC corresponde a la suma de todos aquellos cationes intercambiables. Se mide en miliequivalentes por cada 100 gramos de sustrato (meq/100 g). Es una propiedad intrínsecamente ligada al pH.

Dentro del conjunto de las diferentes características químicas de un sustrato, la CIC es quizá una de las más importantes, pues indicará el manejo nutricional de los nutrientes dando una idea de la retención de los cationes en el sustrato tras el efecto de lixiviación del agua por lluvia o riego, que estarán disponibles para la planta. Es decir, un valor alto de CIC es sinónimo de depósito de nutrientes.

Los valores de CIC idóneos están influidos por la frecuencia del aporte de fertilizantes, de modo que cuando los valores de CIC son constantes no arrojan ninguna ventaja, siendo en este caso más aconsejable la utilización de sustratos inertes; por el contrario, cuando el aporte de nutrientes sea bajo será muy recomendable usar sustratos con alta o moderada CIC (>20 meq/100 g).

Conductividad eléctrica. Expresa de manera aproximada la concentración de sales disueltas en la solución del sustrato. Se expresa en mS/cm (microsiemens/cm) o mmhos/cm (micromhos/cm).

La concentración de sales en un sustrato incide directamente sobre el potencial osmótico, el cual está vinculado a la concentración de iones en fase líquida del sustrato.

2.6.2.3. Propiedades biológicas de un sustrato

Como premisa de partida hay que manifestar que cualquier actividad biológica sobre un sustrato es claramente perjudicial, puesto que los microorganismos resultan ser competidores directos en la raíz por el oxígeno y por los nutrientes. Dicho esto, todos aquellos materiales orgánicos que no proceden de síntesis son inestables termodinámicamente, por lo que se degradan dando lugar a elementos minerales, ácidos húmicos y ácidos fúlvicos.

En la degradación de un sustrato orgánico se hace patente que surjan entre otros fenómenos: deficiencias de nitrógeno, liberación de sustancias que pueden ser beneficiosas o fitotóxicas, cambios en la relación O_2/CO_2, reducciones en el volumen del sustrato.

Entre las características biológicas más notorias destacan:

- Contenido de materia orgánica.
- Estado y velocidad de descomposición.

Otras características biológicas de un sustrato son:

Supresividad. Atiende a la capacidad de ciertos microorganismos, *Trichoderma* y *Streptomyces* principalmente, de lograr suprimir la actividad de hongos patógenos.

Actividad reguladora del crecimiento. Es debida a la presencia en los sustratos de sustancias de índole hormonal que favorecen el crecimiento vegetal.

Actividad enzimática. Es la capacidad enzimática de ciertos compuestos que actúan favoreciendo la disponibilidad de elementos nutritivos para las plantas.

Formación de complejos metálicos. Son la formación de complejos (como son los quelatos) con algunos elementos metálicos (Fe, Mn, Zn, y Cu) por parte de las sustancias húmicas, consiguiéndose aumentar la disponibilidad de micronutrientes.

2.6.2.4. Materiales naturales empleados en sustratos

a) *Turbas:*

Estos materiales se refieren de manera genérica a los materiales de origen vegetal que se obtienen por descomposición parcial de los vegetales, de modo que sus características estarán debidas a las circunstancias de su formación.

Las turbas se obtienen extractivamente de lo que se denomina turbera. Estas se localizan en emplazamientos con climas fríos y húmedos en los que durante la acumulación de materia orgánica durante miles de años la tasa de deposición era superior a la de degradación por parte de los microorganismos, debido a la escasa oxigenación y exceso de humedad.

Las turbas constituyen uno de los materiales más profusamente empleados, aun teniendo niveles pobres de nitrógeno, proporcionando condiciones ideales para el desarrollo y crecimiento de la gran mayoría de especies vegetales.

Existen dos grandes tipos de turbas:

- Turba negra. Se ubica en los estratos más bajos de la turbera, lo que incurre en un alto contenido de bases y un alto pH, con valores que oscilan entre 7,5 – 8. Es una turba con alto grado de degradación, por lo que es pobre en nutrientes, no desmereciendo su buen empleo para el correcto desarrollo de las plantas siempre que se les aporten los nutrientes necesarios.

- Turba rubia. También denominada turba blanca, turba de musgo o turba alta. En sí misma no se trata de una turba, sino de un estrato vegetal que se forma sobre la turba negra bajo condiciones de poca luz, bajas temperaturas y frecuentes lluvias; todo esto hace que este sustrato tenga un pH ácido (3-4) y un alto nivel de retención de agua. Es un material fibroso, consecuencia de la acumulación del musgo *Spagnum* durante largo tiempo.

Respecto a su empleo, la turba rubia aporta numerosos beneficios, entre los que destacan la capacidad de retención de agua, un alto grado de aireación que favorece la propagación vegetal y una composición porosa que favorece la expansión del sistema radicular y, por lo tanto, la absorción de nutrientes.

Propiedades de las turbas (Fernández *et al.* 1998)		
Propiedades	Turbas rubias	Turbas negras
Densidad aparente (g/cm³)	0,06 - 0,1	0,3 - 0,5
Densidad real (g/cm³)	1,35	1,65 - 1,85
Espacio poroso (%)	94 o más	80 - 84
Capacidad de absorción de agua (g/100 g M.S.)	1049	287
Aire (% volumen)	29	7,6
Agua fácilmente disponible (% volumen)	33,5	24
Agua de reserva (% volumen)	6,5	4,7
Agua difícilmente disponible (% volumen)	25,3	47,7
C.I.C. (meq/100 g)	110 - 130	250 o más

Tabla 2.5.

b) *Humus:*

Es la parte de la materia orgánica que en el suelo resulta descompuesta por los microorganismos presentes en el mismo, adquiriendo un color oscuro. Como rasgos distintivos que la hacen interesante como sustrato destacan:

* Favorece la actividad de microorganismos en el suelo.

* Aporte de nutrientes minerales.

* Mejora de la aireación y porosidad del horizonte edáfico.

* Aumento de la capacidad de retención de agua.

c) *Humus de lombriz:*

Este material, llamado también vermicompost, sirve además como fertilizante orgánico y es el producto resultante de la transformación, por parte de la lombriz roja americana, en un compost procedente del estiércol natural ya fermentado. Se trata de un producto de excelente calidad y con una gran riqueza en materiales orgánicos libres de fitotoxicidad, rico en microflora bacteriana y a su vez fácil de manipular. Asimismo está especialmente indicado en el restablecimiento de la fertilidad de un suelo que ha sufrido una disrupción productiva causada por contaminantes químicos.

Fig. 2.29. Corteza de pino (arriba) y grava.

Entre los beneficios más destacables del empleo de humus de lombriz están:

- Aceleración del proceso de humificación.

- Incremento de la capacidad de retención de agua.

- Incremento de la capacidad de intercambio catiónico.

- Incremento de la eficacia de los abonos minerales.

- Favorecimiento de la actividad y desarrollo de microorganismos.

- Enriquecimiento de los suelos por la formación de complejos arcillo-húmicos.

- Activa y acelera la humificación de la materia orgánica.

- Es un material rico en extracto húmico y elementos minerales.

d) *Mantillo:*

El mantillo está formado por materia vegetal en un grado de descomposición avanzado, pudiéndose encontrar de manera natural en los estratos del suelo más superficiales como materia vegetal descompuesta. Atendiendo a esto puede diferenciarse del compost, puesto que en este último la descomposición es más reciente.

Es un material orgánico que arroja unas magníficas bondades como sustrato, principalmente por el aporte de materia orgánica y su origen (natural y sostenible). Este material confiere una buena capacidad de retención de agua y una baja compactación, factores que redundan en un mayor desarrollo vegetal. En cuanto a la porosidad, presenta unos niveles altos, así como una gran estabilidad.

Otro de los efectos que consigue el mantillo es una mayor inercia térmica en el sustrato, con lo que contribuye creando un microclima haciendo el sustrato más cálido en invierno y más fresco en verano; por consiguiente se evitan los cambios bruscos de temperatura. En invierno se previene que las heladas lleguen hasta la matriz radicular.

Entre otras cualidades del mantillo están el efecto barrera en la proliferación de malas hierbas, y también las bajas tasas de descomposición, con lo que el aporte de nutrientes resulta ser progresivo y no instantáneo.

e) *Corteza de pino:*

Es un sustrato muy difundido y entre los subproductos de las cortezas arbóreas es el más extendido. Puede aplicarse tanto fresca como compostada, siendo esta última la más recomendable con el fin de evitar la aparición de problemas por fitotoxicidades.

Es un sustrato con muy buena aireación y con una capacidad de retención de agua media. Además es un material libre de restos vegetales, especialmente de semillas (que resultarían un problema en el manejo) y de fitopatógenos.

Se trata de un sustrato predominantemente indicado para jardinería por su textura, buena filtración del agua, evitándose así los problemas derivados de la acumulación de agua. Su alta porosidad garantiza un desarrollo óptimo de las plantas.

f) *Arenas y gravas:*

Son materiales de origen natural, que se obtienen por extracción de canteras y su composición dependerá de su origen. Básicamente se diferencian entre las de composición silícea y las de composición calcárea. En la clasificación entre gravas y arenas, las primeras son un material mineral con un tamaño comprendido entre los 2 y 20 mm de diámetro y las arenas tienen un tamaño comprendido entre los 0,02 y 2 mm de diámetro.

Arenas y gravas tienen baja porosidad, lo cual incide en porcentajes de agua/aire no elevados, implicando la necesidad de un empleo de volúmenes altos de material para el desarrollo de las plantas. Se trata de materiales económicos y fáciles de localizar. También cuentan como aspecto positivo con que tienen una estructura muy estable.

Por último, destacar que las arenas de origen silíceo tienen una elevada inercia química, pero en las de origen calcáreo acontecen fenómenos de reacciones químicas al entrar en contacto con los nutrientes, liberando iones carbonatos o bicarbonatos, lo que incurre en un descontrol del pH y con ello en la formación de precipitados de ciertos elementos nutritivos.

g) *Tierra volcánica:*

Son materiales de origen volcánico, que se obtienen de manera extractiva sin ser sometidos a ningún tipo de tratamiento, proceso o manipulación, de modo que según su origen ostentarán características diversas, lo cual redunda en granulometrías muy variables al igual que para sus propiedades físicas.

Son materiales ricos en alúmina, sílice y óxidos de hierro, además de contener en menor medida calcio, magnesio y fósforo. En lo relativo al pH suelen tener índices ligeramente ácidos, con tendencia a la neutralidad. En lo relativo a la capacidad de intercambio catiónico, es tan baja que puede considerarse nula.

La estabilidad de este sustrato constituye una de las grandes bazas en la aplicación agronómica como medio de cultivo, además de su buena aireación. De este modo una estabilidad que se mantenga en sucesivos cultivos permitirá una desinfección (por solarización) y amortiguación de su valor económico, además de reducir la huella ecológica de cada cultivo y del carbono (CO_2) que se produce durante su transporte.

h) *Fibra de coco:*

También se denomina *cocopeat* y se trata de un sustrato orgánico de origen natural y renovable. Se obtiene como subproducto de las fibras del cocotero una vez triturado y lavado de sales (de calcio y magnesio especialmente).

El sustrato de fibra de coco es un material que ofrece una excelente aireación y escasa compactación cuando está seco, a la vez que retiene bien el agua (hasta 9 veces su propio peso). Esta naturaleza favorece el desarrollo radicular y una rizosfera aeróbica. También se ha constatado el efecto inhibidor de la fibra de coco en la proliferación de hongos patógenos.

Por otra parte, arroja niveles de pH comprendidos entre 5,7-6,5 y una alta capacidad de intercambio catiónico. Esto le confiere la cualidad de que sea considerado como un sustrato de alta calidad. Adicionalmente tiene la característica de poseer un efecto de amortiguación por el cual no libera potasio en exceso ni retiene el calcio y magnesio necesarios para la planta.

En la actualidad el sustrato de fibra de coco se postula como una magnífica alternativa, en aras de la sostenibilidad, frente a los sustratos a base de turba de *sphagnum,* puesto que esta última resulta una fuente no renovable debido a su naturaleza extractiva para su producción.

En el mercado está disponible en varias modalidades en función de la longitud de sus fibras.

- Coco fino. Indicado para semilleros y esquejes.

- Coco estándar. Usado para jardineras y macetas.

- Coco grueso. Empleado para plantas grandes o acolchado de jardines, entre otros fines.

Como inconvenientes más reseñables, cabe mencionar que se trata de un sustrato relativamente costoso, en función de la calidad del agua de riego puede retener sales con facilidad y no tiene un gran aporte de elementos minerales comparado con otros sustratos.

2.6.2.5. Materiales artificiales empleados en sustratos

a) *Arcilla expandida:*

Igualmente conocida como arlita (ripiolita), a diferencia de otros materiales destaca por su estabilidad química y resistencia mecánica. Se caracteriza por su forma esférica, baja densidad y ostentar un pH neutro. Desde el punto de vista de su manejo tiene las cualidades de otorgar una buena aireación al sistema radicular, un alto nivel de drenaje y habilitar el control de la conductividad hídrica.

Debido a sus características físico-químicas conlleva una menor necesidad de riegos por su capacidad para retener de la humedad en el tiempo, proporcionado a la planta la cantidad de agua que precisa en cada momento, logrando con ello producciones uniformes y reduciendo la necesidad de fitosanitarios. También debe resaltarse que se trata de un sustrato libre de patógenos y su desinfección resulta sencilla, con un ajuste razonable de la solución nutritiva se impide la proliferación de hongos y bacterias.

b) *Lana de roca:*

Es un material sintético resultante de la fundición a 1600 ºC de una mezcla compuesta por rocas ígneas (60 %), calizas (20 %) y carbón de coque (20 %), dando lugar a filamentos fibrosos que son tratados con absorbentes, resinas fenólicas para lograr la compactación y humectante para mejorar la capacidad de retención hídrica. El resultado final son unos bloques o tacos listos para ser empleados. En su composición química también están presentes el sílice, los óxidos de aluminio, el calcio, magnesio, y hierro, entre otros componentes.

Entre las principales ventajas que da este sustrato destaca la baja densidad, estructura homogénea y un buen equilibrio aire/agua. Por otro lado, en lo relativo a sus propiedades químicas, se trata de un sustrato que puede considerarse como inerte, con capacidad de intercambio catiónico (CIC) casi nula y un pH ligeramente alcalino.

Respecto a las desventajas más reseñables destacan su durabilidad y unos elevados costes, puesto que es un material que no se degrada y es costoso de producir, su escasa inercia térmica y, por último, su mala capacidad para retener el agua.

c) *Perlita:*

Es el material compuesto de silicatos de origen volcánico resultante de su exposición a elevadas temperaturas, lo cual hace que se expanda y adopte una forma esférica irregular de aspecto blanquecino.

Es un material que destaca por su ligereza, muy indicado para ser adicionado a otro material, con pH neutro y además resulta relativamente barato. Además se trata de un sustrato estéril que no tiene microorganismos patógenos.

Las propiedades más destacadas son: se trata de un material inerte, las sustancias aportadas son directamente asimilables al cultivo (de modo que este material no se degrada) y otorga un drenaje idóneo. En lo relativo a sus propiedades químicas, es un sustrato que se considera inerte, con una capacidad de intercambio catiónico casi nula y un pH ligeramente alcalino.

Dentro de los inconvenientes se aprecia una falta de fricción y la necesidad de eliminar las partículas pulverulentas.

Propiedades de la perlita (Fernández *et al.* 1998)			
Propiedades físicas	**Tamaño de las partículas (mm de diámetro)**		
	0-15 (Tipo B-6)	**0-5 (Tipo B-12)**	**3-5 (Tipo A-13)**
Densidad aparente (kg/m³)	50-60	105-125	100-120
Espacio poroso (%)	97,8	94	94,7
Material sólido (% volumen)	2,2	6	5,3
Aire (% volumen)	24,4	37,2	65,7
Agua fácilmente disponible (% volumen)	37,6	24,6	6,9
Agua de reserva (% volumen)	8,5	6,7	2,7
Agua difícilmente disponible (% volumen)	27,3	25,5	19,4

Tabla 2.6.

d) *Vermiculita:*

Es un material procedente de un mineral natural del grupo de los filosilicatos, que por un proceso de calentamiento adopta una estructura laminar. Su propiedad más destacable es su alta capacidad de intercambio catiónico (CIC), por lo que los fertilizantes aportados serán retenidos y liberados en función de las necesidades del cultivo.

Entre las principales características sobresalen:

- Elevada capacidad para retener el agua.

- Alta retención de nutrientes.

- Ligereza.

Desde un punto de vista práctico, se aporta en los sustratos con la finalidad de proporcionar la mayor capacidad posible de retención de agua y lograr un incremento de la capacidad de retención de nutrientes minerales. Si el sustrato es de gran densidad contribuirá a una mejora en las propiedades de aireación.

Fig. 2.30. Lana de roca.

Fig. 2.31. Arcilla expandida.

Fig. 2.32. Vermiculita (izq.) y perlita (dcha.).

2.6.3. Sistemas de manejo

En las explotaciones viverísticas los sustratos constituyen un insumo al que se presta una especial atención; de su elección y manejo puede depender la obtención de los resultados previstos. Tanto es así que un buen sustrato, si no se maneja de manera adecuada, puede arrojar unos resultados deficientes y viceversa. Un sustrato inadecuado puede desprender unos resultados excelentes cuando su empleo es el correcto. Dicho esto, y a tenor del constante dinamismo existente en el mercado acerca de los sustratos, el viverista deberá conocer exhaustivamente tanto los sustratos existentes en el mercado así como sus características físicas y químicas.

El precio suele ser un factor principal que influirá en el agricultor para decantarse por un sustrato u otro, pero actualmente se está considerando la utilización de materiales autóctonos debido, sobre todo, a una mayor concienciación en materia de sostenibilidad ambiental. Teniendo conocimiento de los parámetros que caracterizan un sustrato, puede afirmarse que el sustrato ideal no existe, pues dependerá del diferente uso para el que estará destinado, como por ejemplo podrían ser: tipos de plantas (especies, variedades, etc.) a producir, fase del desarrollo vegetal en el que se interviene (siembra, estaquillado, crecimiento, etc.).

2.6.3.1. Características del sustrato ideal

El mejor sustrato de cultivo para la producción vegetal estará influenciado por muchos factores, como son el tipo de material que se utiliza (semillas, esquejes, plantas, etc.), especie vegetal, condiciones climáticas, programa de riego y fertilización, etc. Para lograr los resultados deseables, un sustrato debe tener las siguientes cualidades:

a) Propiedades físicas.
- Elevada capacidad de retención de agua.
- Buena aireación.
- Adecuada relación en el tamaño de las partículas para lograr las condiciones anteriores.
- Baja densidad aparente.
- Porosidad total elevada.
- Estructura estable.

b) Características químicas.
- Baja o casi nula capacidad de intercambio catiónico. Dependerá de que la fertirrigación que se aplique sea permanente o intermitente.
- Aceptable nivel de nutrientes asimilables.
- Bajo nivel de salinidad.
- Alta capacidad tampón y mantenimiento de pH constante.
- Baja tasa de descomposición.

c) Otras propiedades.
- Alto nivel de esterilización y libre de sustancias fitotóxicas.
- Bajo coste.
- Fácil de mezclar.
- Facilidad y estabilidad a la desinfección.
- Resistencia frente a cambios físicos, químicos y ambientales.

En términos cuantitativos, un sustrato ideal sería el que se muestra en la tabla siguiente (2.7):

Densidad aparente	$0,22 \text{ g/cm}^3$
Densidad real	$1,44 \text{ g/cm}^3$
Espacio poroso total	85 %
Fase sólida	10-15 %
Contenido de aire	20-30 %
Agua fácilmente disponible	20-30 %
Agua de reserva	6-10 %
pH	5,5-6,5
Capacidad de intercambio catiónico (CIC)	10-30 meq/100g
Contenido de sales solubles	200 ppm (2 mS/cm)

Tabla 2.7. Valores para un sustrato ideal.

2.6.3.2. Corrección de las características de los sustratos

En la práctica no se aplica un solo material como sustrato. Esto atiende a que no existe un material que ostente por sí solo todas aquellas características deseables para un cultivo (salvo en cultivo hidropónico), de modo que en la práctica los sustratos comerciales se ofrecen como mezcla de varios materiales. Cuando se confecciona un sustrato, los principales factores a tener en cuenta son: estabilidad de los materiales, corrección de las propiedades físicas y químicas de los sustratos, desinfección y mezcla de materiales acorde al cultivo, etc.

a) Mejora de retención de agua.

   Es un problema común presente en bastantes sustratos, máxime cuando han padecido desecación. Para subsanar este problema suelen emplearse remedios como son la aplicación de polímeros de carácter hidrofílico (hidrogeles, urea-formaldehído), que actúan reteniendo el agua en las redes moleculares que los conforman. Otro producto indicado son los agentes tensioactivos que actúan bajando la tensión superficial.

b) Corrección del pH.

   Cuando el pH adquiere unos niveles inadecuados para el propósito de la producción vegetal, es recomendable una corrección en base a la aplicación de productos derivados del carbonato cálcico cuando se pretende bajar el pH y adición de compuestos de azufre cuando se pretenda elevarlo.

c) Corrección de salinidad.

   Un alto contenido de sales en un sustrato conlleva la aparición de fitotoxicidades por la aparición de ciertos elementos químicos, o bien por un aumento del potencial osmótico que provoca una mayor dificultad de absorción de agua. Ante tal circunstancia se hace recomendable el lavado o la dilución.

d) Corrección de la nutrición.

   La obtención del potencial en la producción estará ligada a la nutrición óptima del material vegetal; normalmente será preciso añadir fertilizantes en función de la fertilidad del sustrato y de la capacidad de intercambio catiónico (CIC).

   Una alta capacidad de intercambio catiónico incrementa la eficiencia en la adición de fertilizantes durante la manufactura del sustrato, mientras que con una baja capacidad de intercambio catiónico los fertilizantes se llevarán a cabo por medio de la fertirrigación.

2.7. Instalaciones de riego

Todos los equipos utilizados están formados básicamente por los siguientes elementos:

- Cabezal de riego, con estación de bombeo y equipo/sistema de filtrado/ inyección.

- Elementos de control hidráulico (válvulas, manómetros, etc.).

- Tubería principal para conducir el agua hacia otras de distribución (secundarias-terciarias y portagoteros).

- Emisores hídricos (goteros, aspersores, etc.).

A continuación, se describirá brevemente cada elemento mencionado:

a) Cabezal de riego, situado en la toma de agua (pozo, balsa, etc.), que consta de una bomba hidráulica, imprescindible para subir el agua con una presión determinada, un regulador de caudal (m^3/s o l/h) vertido a la instalación y los equipos o sistemas de:

   - Filtración, para evitar que las partículas en suspensión que transporta el agua de riego lleguen a obturar las conducciones o los emisores. Los filtros más comunes son los de malla y los hidrociclones, ambos para partículas minerales, más los filtros de arena, para retener la materia orgánica.

   - Inyección de fertilizantes y/o fitosanitarios, formados por un depósito de alta presión con una mezcla de productos agroquímicos, el cual se conecta en paralelo a la instalación de riego, y por el que pasa una cantidad reducida de caudal. Esta técnica se denomina fertirrigación o fertirriego. La incorporación de nutrientes y productos fitosanitarios al cultivo con el agua de riego es un método de fertilización y sanidad vegetal eficiente y económico, que además minimiza el gasto energético, el número de labores agrícolas, la compactación de suelos y evita los inconvenientes por el uso de la maquinaria pesada (tractores y aperos) cuando el cultivo ya está establecido.

b) Elementos de control hidráulico, tales como reguladores de caudal, tensiómetros, manómetros, etc. Los manómetros ubicados antes y después de los filtros se utilizan para determinar la pérdida de carga, que dependerá del nivel de suciedad del filtro, indicando la idoneidad de su limpieza.

c) Tuberías o ramales: constituyen la estructura del sistema de riego localizado. El material a emplear depende de si se trata de tuberías principales y secundarias, que son de PVC y van soterradas, o de tuberías terciarias y portagoteros, para las que se usa el polietileno.

d) Emisores hídricos: elementos que aplican el agua en el cultivo, tales como son los goteros en las instalaciones de riego por goteo o los aspersores en las de aspersión.

2.7.1. Estación de bombeo y filtrado

Cuando el agua de riego porta gran cantidad de sólidos en suspensión será preciso colocar filtros (decantadores, hidrociclones, etc.) anteriores a la cabeza. El resto de partículas que pueda llevar el agua serán eliminadas por:

- Filtros de arena y grava: indicados para eliminar impurezas de tipo orgánico, tales como algas, restos de insectos y pequeñas partículas minerales.

- Tamices: permiten retener las impurezas de naturaleza mineral que pasan por los filtros de arena o bien se introducen a través de los fertilizadores. En este caso el agua es filtrada pasando desde dentro hacia fuera, para lo cual se utiliza una malla sintética o de acero.

- Filtros de anillas: al igual que los filtros de tamiz, eliminan las impurezas de tipo mineral, pero se consigue por un conjunto de anillas ranuradas que conforman un cilindro filtrado.

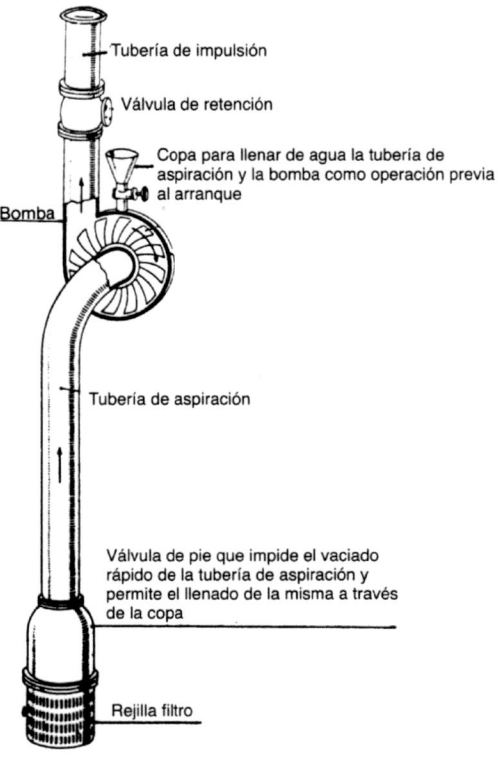

Fig. 2.33. Sistema de aspiración-impulsión hídrica en un pozo.

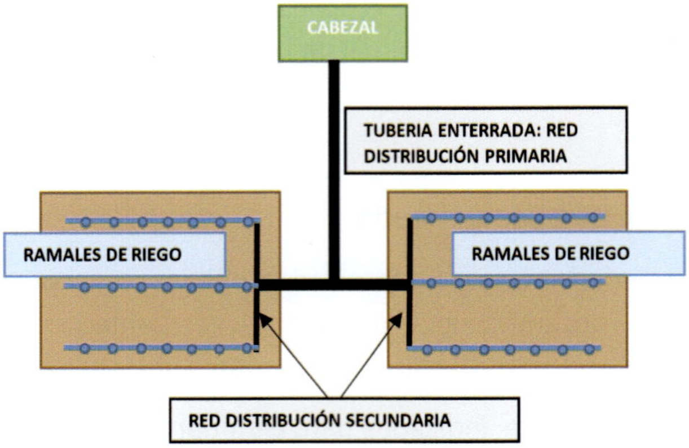

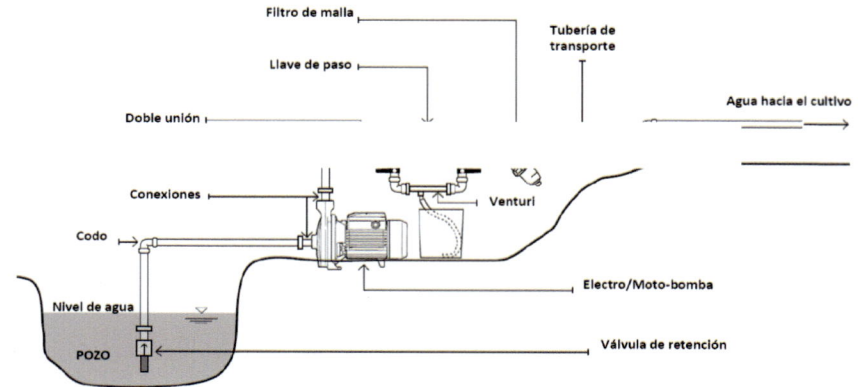

CABEZAL

TUBERIA ENTERRADA: RED DISTRIBUCIÓN PRIMARIA

RAMALES DE RIEGO

RAMALES DE RIEGO

RED DISTRIBUCIÓN SECUNDARIA

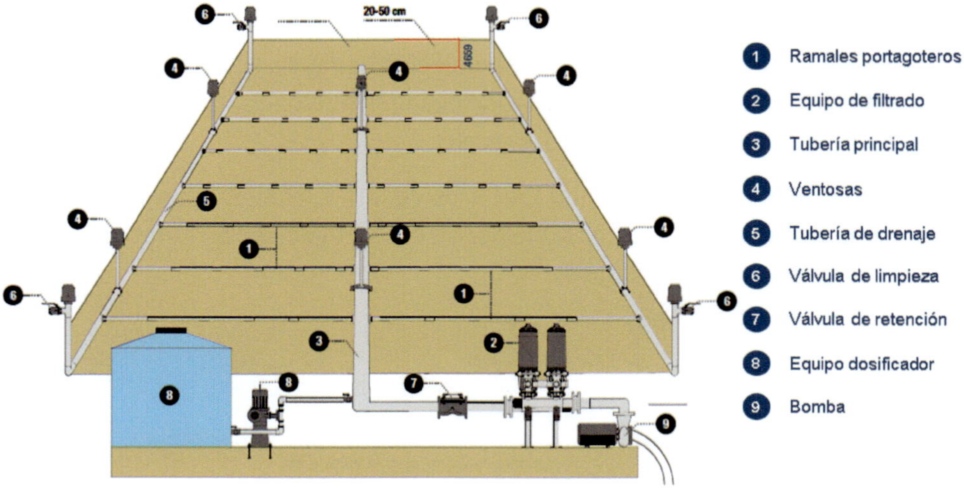

20-50 cm

1. Ramales portagoteros
2. Equipo de filtrado
3. Tubería principal
4. Ventosas
5. Tubería de drenaje
6. Válvula de limpieza
7. Válvula de retención
8. Equipo dosificador
9. Bomba

Fig. 2.34. Esquema y componentes de una instalación de riego.

Filtro de malla

Tubería de transporte

Llave de paso

Agua hacia el cultivo

Doble unión

Conexiones

Venturi

Codo

Electro/Moto-bomba

Nivel de agua

Válvula de retención

POZO

Fig. 2.35. Captación o toma de agua y componentes de una instalación de riego desde la estación de bombeo hasta su distribución hacia el cultivo.

2.7.2. Sistemas de inyección de soluciones nutritivas y sanitarias

El sistema de riego por goteo tiene la versatilidad de incluir la fertirrigación, es decir, el aporte de abonos minerales disueltos en el agua de riego. Básicamente se compone de un depósito de abono y de un sistema de inyección. Pueden aplicarse diversos métodos para inyectar el abono en la red:

- Tanque de abonado conectado a la red.

- Inyectores venturi.

- Dosificadores de abono (eléctricos e hidráulicos).

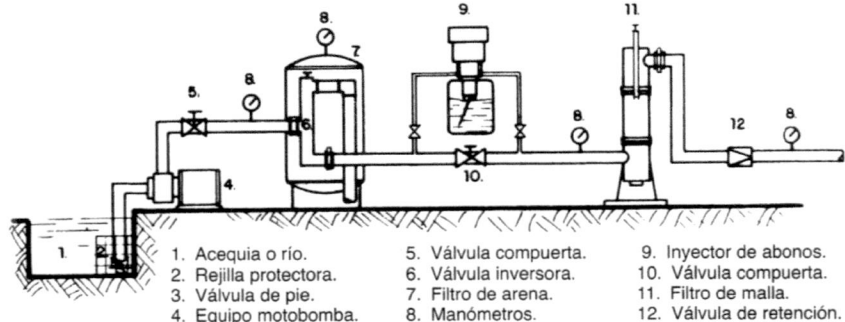

1. Acequia o río.	5. Válvula compuerta.	9. Inyector de abonos.
2. Rejilla protectora.	6. Válvula inversora.	10. Válvula compuerta.
3. Válvula de pie.	7. Filtro de arena.	11. Filtro de malla.
4. Equipo motobomba.	8. Manómetros.	12. Válvula de retención.

Fig. 2.36. Cabezal de riego.

2.7.3. Sistema de distribución del agua

Se llama tubería de presión a un sistema de conducción por el que un fluido (agua) discurre a plena sección (circular) llena, sometido a una energía en forma de presión, que será superior a la atmosférica. Cada tramo de sección circular de una tubería es lo que se conoce como tubo. Estos tubos ensamblados entre sí mediante piezas especiales formarán una tubería. El conjunto de tuberías definirá una instalación cerrada de riego a presión. Los elementos de unión son los que permitirán realizar cambios de dirección, uniones de dos o más tubos, derivaciones, cambios de diámetros, etc. La red de distribución variará según la disposición física de la parcela, estando compuesto de:

- Tubería principal o primaria: se inicia en el cabezal de riego y suministra el agua a las diferentes unidades de riego (tuberías secundarias).

- Tubería secundaria: partiendo de la red principal abastece agua dentro de cada unidad.

- Tubería terciaria: lleva el agua directamente a los ramales.

- Ramal o portagotero: es la tubería final que porta insertos los emisores o goteros de riego.

Respecto a los materiales empleados, mencionar que tanto las tuberías primaria como las secundarias suelen ser de policloruro de vinilo (PVC), y que los ramales portagoteros, con diámetros que oscilan entre los 8-20 mm y unas longitudes de 50-100 m, suelen ser de polietileno (PE) de baja densidad. Estos últimos van colocados en disposición perpendicular a la tubería terciaria, con una separación acorde a cada tipo de cultivo y siguiendo las curvas de nivel que presenta el terreno natural.

La red hidráulica, por prescripción técnica, lleva válvulas a fin de regular la presión al inicio de las tuberías terciarias, válvulas volumétricas al inicio de las tuberías secundarias, medidores de presión y caudal, así como llaves de control manuales o automáticas distribuidas por toda la red.

2.7.4. Emisores de agua

Los emisores hídricos corresponden a los dispositivos de desagüe y dosificación de agua, como por ejemplo son los goteros. Tienen uno o varios orificios por donde cumplen su cometido: causar una pérdida de presión generando un gasto muy pequeño que se materializa en un goteo (gotas de agua). El gasto de los goteros varía normalmente desde 2 a 8 l/h, existiendo cuatro tipos principales:

- Goteros de trayectoria.

- Goteros de orificio.

- Goteros de vórtice.

- Goteros autocompensadores.

GOTEROS	De trayectoria	Microtubo	$x = 0,75-1$. Régimen laminar
		Helicoidal	$x = 0,65-0,75$. Régimen transición
		Laberinto	$x = 0,5$. Régimen turbulento
	Orificio		$x = 0,5$
	Vórtice		$x = 0,4$
	Autocompensadores		$x = 0-0,4$

Tabla 2.8. Valores de x para cada tipo de gotero.

Es posible realizar una cuantificación analítica del gasto de todos los tipos de goteros, por la relación entre la carga disponible y el caudal, por la expresión:

$$q = k \times h^x$$

- q: caudal del gotero (l/h).

- k: coeficiente de descarga.

- x: exponente de descarga.

- h: presión a la entrada del gotero (m.c.a.).

Fig. 2.37. Gotero de una instalación de riego por goteo.

Los valores de k y x son representativos para cada tipo de gotero; el valor de x permite realizar una clasificación de los goteros (tabla 2.8).

Las presiones a las que los goteros están sometidos rondan entre los 10-20 metros de columna de agua (m.c.a.), y en los autocompensadores incluso más.

Otros emisores hídricos:

- Mangueras: tuberías de dos conductos coaxiales, donde uno es el de conducción y el otro el de distribución. Los puntos de emisión se localizan muy próximos, por lo que son muy indicados para los cultivos hortícolas. Las presiones de trabajo están comprendidas entre 5-10 m.c.a. y los caudales entre 100-1000 l/h por cada 100 m de manguera.

- Tubos porosos: elaborados por una serie de microfibras de polietileno entrecruzadas con poros que ocupan el 50 % de la superficie y un diámetro micrométrico. La presión de trabajo es muy baja, oscilando entre 2-3,5 m.c.a. y con caudales de 1-1,75 l/h por cada metro.

- Emisores de alto caudal. Para este tipo de emisores el gasto varía entre 16-150 l/h y con unas presiones de trabajo comprendidas entre 10-20 m.c.a. Básicamente hay dos tipos:

— Microaspersores: disponen de artilugios móviles para dispersar el agua.

— Difusores: igual que los microaspersores, con la excepción de que prescinden de los artilugios móviles.

En estos dos tipos, la superficie cubierta por el agua es extensa y están indicados especialmente para cultivos de raíces muy agresivas o en el caso de que se precise mojar más volumen de suelo.

2.8. Manejo y primer mantenimiento de la instalación de riego

El control de un riego automático puede realizarse por **intervalos de tiempos**, cuando las válvulas cierran el paso de agua tras un cierto periodo de tiempo (horas o min), o mediante un **volumen específico** (litros o m^3), donde las válvulas cierran tras haber pasado un volumen de agua determinado. El de tiempos es una forma muy simple de automatización que se basa en determinar el tiempo que tiene que durar el riego considerando la dosis necesaria, el marco de los emisores y el caudal que suministra cada uno. Cuando el tiempo de riego es el calculado previamente, se corta el suministro de agua. Para efectuar este tipo de automatismo es necesario contar con **electroválvulas** y programadores. El **programador**, que dispone de un reloj para contabilizar el tiempo en el cual está funcionando el sistema, envía una **señal eléctrica** hacia la electroválvula cuando el tiempo de riego alcanza el valor que se le ha indicado previamente y esta última será la encargada de cerrar el paso de agua.

El automatismo por tiempos no garantiza que la dosis de agua sea la determinada para el cultivo, sino que se riega bajo un tiempo preestablecido. Si las condiciones de presión y caudal son constantes, posiblemente se riegue a esa dosis, pero si aquellas varían a lo largo de la irrigación, también cambiará la dosis aplicada. Con el sistema de automatización por volúmenes, el paso del agua se corta cuando ya ha pasado el volumen de agua que resulta necesario para el riego. Se requieren **válvulas de accionamiento automático** (hidráulicas, volumétricas y electroválvulas) y en algunos casos un **programador de riego**.

Dependiendo de cuál sea el tipo de elementos que se utilizan se pueden conseguir varios **niveles de automatización**:

- **Nivel 1**: cada unidad de riego lleva asociada una válvula volumétrica que inicialmente está cerrada y en la que se ha seleccionado la cantidad de agua que se desea que pase hacia cada unidad.

- **Nivel 2**: de igual forma, cada unidad de riego tiene en su cabecera una válvula volumétrica, pero la primera está conectada a la segunda, esta a la tercera y así consecutivamente.

- **Nivel 3**: es el sistema de automatización más avanzado que usa válvulas y programadores; llamado programación electrónica por volúmenes.

Usando estas herramientas puede conseguirse hasta un grado total de automatización para la instalación, desde limpieza de filtros, fertirrigación, programación automática según la demanda medida en tiempo real de cultivo, ajuste de parámetros químicos del agua, etc. Requiere la instalación de **sensores** de todo tipo: aquellos que miden las condiciones atmosféricas, los que determinan el contenido de humedad en el suelo, **contadores** y **manómetros digitales** que mandan información puntual y precisa hacia el ordenador, sensores de pH y conductividad, y equipo de corrección instantánea de los parámetros medidos.

Los **programadores de riego** actúan prefijando el volumen de agua o el tiempo de irrigación sobre diversos equipos, destacando estos:

- **Grupo de bombeo y válvula principal**: ordenan la puesta en marcha y/o parada según el programa de riegos establecido de acuerdo a unos condicionantes determinados previamente (**niveles de presión**, **tarifas eléctricas**, **volumen de agua**, etc.).

- **Filtros**: accionan el contralavado en relación a tres factores:

  — **Grado de suciedad**.

  — **Tiempo**: prefijando el contralavado según datos experimentales.

  — **Volumen**: cuando el programador toma registro de un determinado volumen de agua.

- **Agitadores**, **válvulas y dosificadores de productos químicos**: prefijan el tiempo de retardo para iniciar la inyección de los abonos o fitosanitarios respecto al inicio de la irrigación.

- **Válvulas de riego**: colocadas a la cabeza de cada uno de los ramales, dan apertura o cierre al paso de agua según los volúmenes y ciclos de riego determinados *a priori*.

- **Alarmas**: que se activan cuando se produce alguna variación en los parámetros establecidos (**exceso/déficit de caudal**, **presión**, **volumen de agua o fertilizante**, **corte de tensión eléctrica**, etc.).

Otros automatismos específicos que se utilizan en las instalaciones de riego son:

- **Controlador de bombeo**: permite mantener el caudal o la presión de riego en la red hidráulica según las necesidades hídrico-vegetales de cada momento.

- **Controlador de dosificación**: permite dosificar los fertilizantes respecto al caudal de agua y controla también la duración de la dosis.

Por último, es muy importante conocer y saber tomar la lectura de los **valores umbrales máximos y mínimos**, así como el de la **horquilla de valores y unidades físico-agronómicas de medida** para cada equipo usado en una instalación de riego, a su vez unido a un programador, de tal forma que la variación de los datos registrados esté siempre dentro de los **valores y límites tolerables**.

Existen programadores que dosifican los fertilizantes en las proporciones adecuadas, controlando el pH y la conductividad eléctrica del agua. El control del pH se realiza mediante una sonda, que permite regular la inyección de ácido en la mezcla nutritiva, para mantener unos valores adecuados.

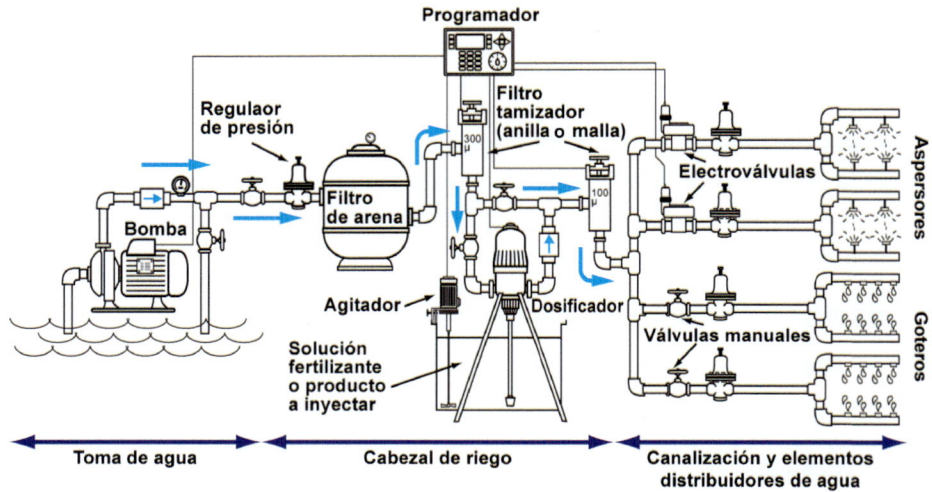

Fig. 2.38. Componentes de una instalación de riego (R. Moratiel, 2015).

2.9. Regulación y comprobación de caudal y presión

La válvula es un elemento que se incorpora en la instalación de riego con el fin de **regular** el funcionamiento de la misma. Permite **controlar el paso de agua** en una tubería y **regular las variables hidráulicas** (presión, caudal, etc.). Su clasificación se puede realizar según el **tipo de accionamiento**:

- **Manómetros**: elementos encargados de medir la presión en la red de riego.

- **Válvulas de paso**: **abren o cierran** una **conexión o tubería**. Cerrándolas parcialmente sirven para regular la presión, hasta que alcanza la más adecuada. Según sea su mecanismo de cierre, quedan divididas en:

  — **Manuales**: válvula de compuerta, mariposa y de bola.

  — **Automáticas**: válvula hidráulica y electroválvula.

- **Válvulas de protección y regulación**:

— **Ventosas**: cuyo cometido principal se basa en expulsar el aire de las tuberías con el fin de que pueda circular el agua presurizada sin problemas.

— **Reguladores de presión o calderines**: garantizan la presión de trabajo, reduciendo el exceso que lleva la tubería o bien restableciendo la presión adecuada si esta disminuye.

— **Válvula de retención**: permite la circulación de agua en un solo sentido.

— **Válvula volumétrica**: es lo más indicado para dosificar el agua de riego. Se cierra de modo automático cuando termina de pasar el agua programada.

— Otras válvulas: cuyo campo de aplicación es más específico, donde su accionamiento puede ser tanto manual como automático.

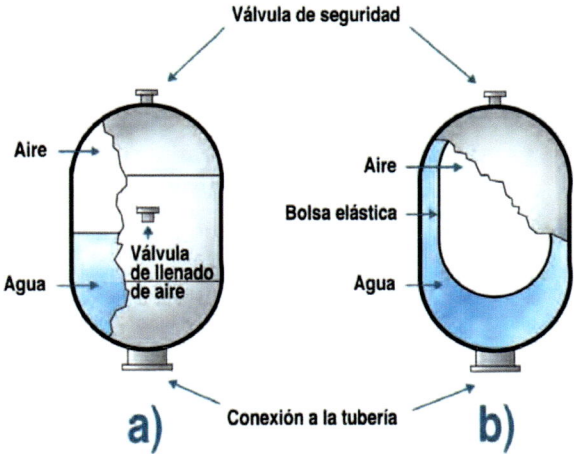

Fig. 2.39. Reguladores de presión: a) calderín de contacto; b) calderín de vejiga.

Los contadores de agua son equipos destinados a medir la cantidad de agua consumida. Deben ser capaces de medir el caudal instantáneo y también la cantidad de agua total acumulada. Permiten tener un control de los volúmenes de agua gastados, así como detectar fugas de agua en la instalación. Los contadores de agua tipo Woltman pueden usarse para caudales a partir de 15 m³/h y aseguran una baja pérdida de carga, también para el caso de grandes caudales.

2.10. Limpieza del sistema

Para conservar correctamente un sistema de riego es necesario revisar los equipos de filtrado ubicados en la base de la instalación, limpiándolos de forma periódica para evitar que haya obturaciones. Con vistas a saber cómo está funcionando el regadío puede comprobarse la presión (manómetro) y el caudal de agua que se aporta en distintos puntos de la instalación. En un sistema de riego por goteo, tanto el primer emisor o gotero como el último deberán tener la misma presión para poder emitir el mismo caudal de agua. Si esto se consigue se podrá obtener una irrigación homogénea y, por lo tanto, una producción vegetal más equilibrada.

La obstrucción de los goteros es uno de los problemas más importantes a los que se deberá enfrentar un agricultor cuando maneja un sistema de riego por goteo. El suministrar caudales hídricos escasos a través de los pequeños orificios de los goteros, presiones hidráulicas poco elevadas, depósitos con aguas estancadas, etc., predispone a que se produzcan obturaciones en los emisores. Los principales problemas asociados a una instalación de riego por aspersión son los que se dan como consecuencia de la obstrucción de los filtros de malla y de los difusores o de las boquillas de pulverización en los aspersores, debidos a la entrada de impurezas o partículas de tipo sólido contenidas en el agua, por la formación de incrustaciones calcáreas en los emisores hídricos, o, en algunos casos, motivado al entrar en contacto el circuito con el exterior tras una fuga o rotura. En ambos casos la solución al problema será localizar el tramo o equipo afectado y sustituir o limpiar las piezas defectuosas.

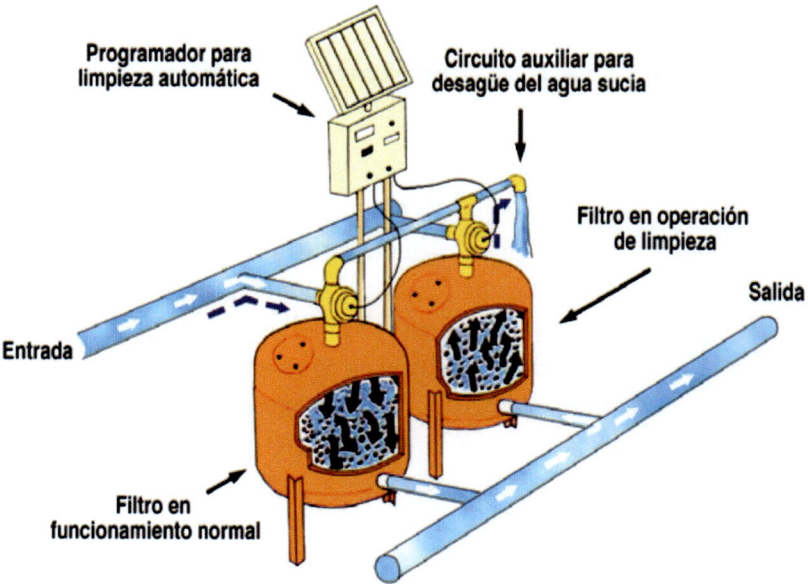

Fig. 2.40. Representación esquemática del proceso de limpieza de un filtro de arena invirtiendo el flujo de agua.

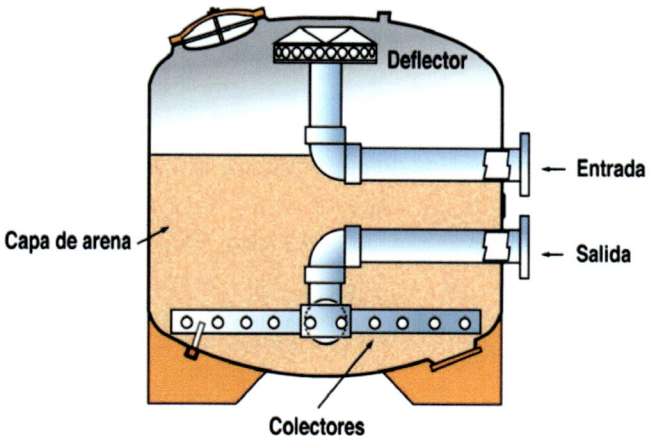

Fig. 2.41. Sección esquemática de un filtro de arena.

Cuando se detecta una frecuencia muy importante de obstrucción de los filtros de los aspersores y difusores, resulta más aconsejable instalar en el aporte de agua general un filtro de protección adecuado a las características hídricas. En caso de detectar una formación importante de incrustaciones calcáreas en las boquillas pulverizadoras, es aconsejable dosificar un inhibidor o utilizar un equipo físico para evitarlas. Cuando la presión hidráulica sea superior a las especificaciones que indica el fabricante para una unidad emisora de agua, ya sea un aspersor o un difusor, deberá instalarse un reductor de presión.

Las obstrucciones de los emisores y la red de riego pueden deberse a diversas causas: obstrucciones físicas (partículas en suspensión), obstrucciones químicas (precipitaciones de ciertos elementos químicos) y obstrucciones biológicas (algas y bacterias).

2.11. Medida de la uniformidad del riego

En un sistema de riego localizado es muy importante conocer si el agua de riego, los fertilizantes y demás productos fitosanitarios que se incorporen a ella se aplican de manera uniforme. Los problemas derivados de una baja uniformidad se traducen en plantas con un **exceso de agua** y otras con **déficit hídrico**. Además habrá un mal reparto de abono, produciéndose un derroche de nutrientes por una parte y una carencia de los mismos por otra, lo que supondrá posibles alteraciones en el desarrollo de los cultivos y por lo tanto de la producción vegetal. Para evaluar la uniformidad se utilizan dos coeficientes: el **coeficiente de uniformidad de caudales (CUC)** y el **coeficiente de uniformidad de presiones (CUP)**.

Con estos valores podrán detectarse faltas en la eficiencia y solucionar pequeños problemas que mejoren el funcionamiento de la instalación. Para calcular el coeficiente de uniformidad de caudales, tendrá que seleccionarse un determinado número de todos los emisores distribuidos uniformemente dentro de la instalación. Para ello, podrán elegirse los laterales más cercano y lejano de la toma de la tubería terciaria y los dos intermedios. En cada lateral se podrán seleccionar, por ejemplo, cuatro emisores con este mismo criterio, es decir, el más cercano y el más lejano respecto a la toma y los dos intermedios. Con una probeta se medirá el volumen de agua que suministra cada emisor hídrico seleccionado y durante un tiempo determinado que deberá ser el mismo para todos, obteniendo así el caudal (en l/h).

2.12. Medida de la humedad del suelo

Con independencia de los diferentes elementos citados de las instalaciones de riego, también se utilizan diversos equipos para medir el contenido de humedad en el suelo, siendo los más frecuentes los tensiómetros. El **tensiómetro** es un instrumento que **mide la presión** con que un determinado **suelo** retiene agua, e indica de forma relativa si su **contenido de humedad** es aceptable para el crecimiento de las plantas. Se compone de un tubo-depósito impermeable lleno de agua, un **vacuómetro**, una cámara de reserva y una tapa con rosca dispuesta en la parte superior, cuyo interior va provisto de un tapón de neopreno para obtener un cierre hermético. En su extremo inferior, porta una cápsula de cerámica porosa.

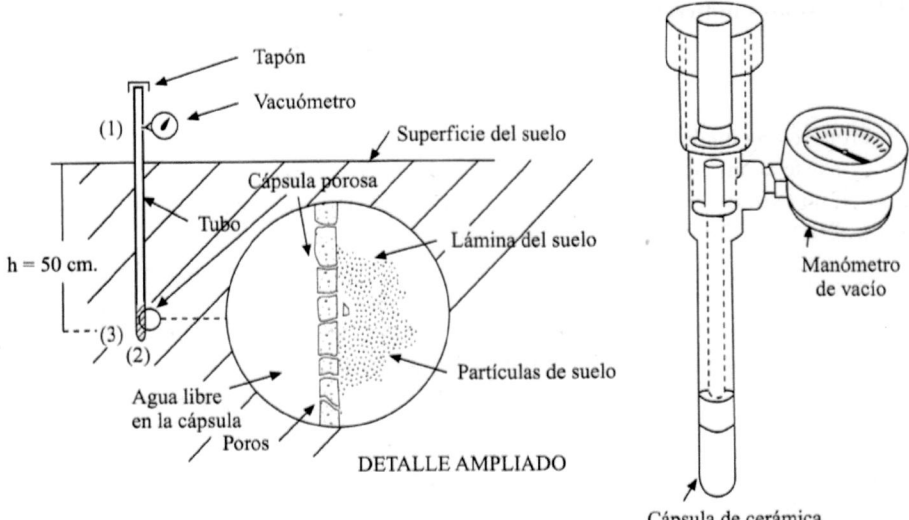

Fig. 2.42. Tensiómetro con vacuómetro (J. M. Tarjuelo, 1999).

El **tensiómetro** es un dispositivo que actúa como una **raíz artificial** y permite conocer la **disponibilidad hídrica** en el suelo, midiendo una **tensión**. Si el contenido de humedad en el suelo es bajo, el agua contenida en el tensiómetro tiende a salir a través de una **cápsula de porcelana porosa**, la cual se une a un **vacuómetro** mediante un **tubo de material plástico**, creando una tensión de valor negativo (**succión**) que sigue aumentando si el suelo continúa perdiendo humedad. Por el contrario, cuando el suelo se humedece nuevamente, ya sea por lluvia o tras aplicar una irrigación artificial, esta tensión disminuye al fluir el agua edáfica hacia el tensiómetro.

La tensión es una medida que determina la fuerza con la que las partículas del suelo retienen las moléculas de agua: cuanto mayor sea la retención de humedad, más alta será la tensión. En el punto de capacidad de campo, el agua no es retenida fuertemente por las partículas del suelo y las plantas podrán extraerla con cierta facilidad. A medida que las plantas agotan el agua, la tensión en el suelo aumentará.

Fig. 2.43. Tensiómetros en cultivo de fresa.

La **sonda de neutrones** es utilizada principalmente para realizar estimaciones espaciales y temporales del contenido de agua en el suelo, sobre todo en la zona no saturada, realizando seguimientos y monitoreos periódicos a las variaciones de humedad. Debido a que dicho contenido de humedad edáfica es por naturaleza un fenómeno de carácter irregular, se deben realizar numerosas determinaciones para tener una validez estadística en los resultados obtenidos. El funcionamiento de la sonda de neutrones está basado en la moderación de los neutrones rápidos emitidos por una fuente radiactiva.

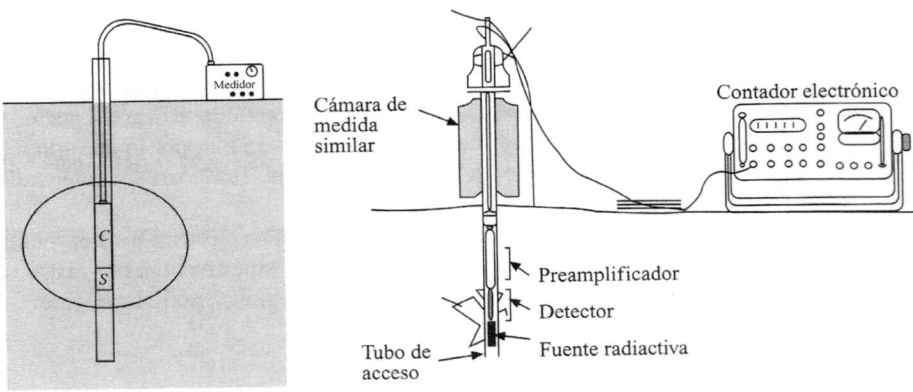

Fig. 2.44. Componentes de una sonda de neutrones (J. M. Tarjuelo, 1999).

3. Fertilización de cultivos hortícolas y florales

Contenido

3.1. La fertilidad del suelo.

3.2. Variables que definen la fertilidad del suelo.

3.3. Los elementos esenciales.

3.4. Necesidades nutritivas de los cultivos hortícolas y de flor cortada.

3.5. Análisis foliar: toma de muestras foliares, interpretación, corrección y consecuencias prácticas del análisis.

3.6. Extracciones de las cosechas.

3.7. Elaboración de una recomendación de fertilización.

3.8. Aplicación de los nutrientes necesarios. Aplicación al suelo. Aplicación por vía foliar.

3.9. Selección de abonos que se van a emplear.

3.10. Identificación de la época y el apero con el que se va a realizar la aplicación de abono.

3.11. Soluciones nutritivas: cálculo de soluciones nutritivas. Ejemplo de cálculos.

3.12. Factores que afectan a la solución nutritiva. Medidas de control.

3.13. Aportación de soluciones nutritivas.

3.14. Selección, manejo y mantenimiento básico de equipos y herramientas para la aplicación del abonado.

3.15. Normas medioambientales y de prevención de riesgos laborales en la aplicación del abono.

3.1. La fertilidad del suelo

Cuando se diagnostican las necesidades de fertilización de los cultivos agrícolas es importante conocer el requerimiento de agua y nutrientes minerales de las plantas para lograr un determinado rendimiento de la producción vegetal. Estos requerimientos nutricionales varían según el nivel de producción exigido y de acuerdo a los factores ambientales existentes (temperatura, humedad, etc.). Los nutrientes minerales, como el nitrógeno, fósforo y el potasio son elementos que las plantas adquieren del suelo en forma de iones inorgánicos. Todos los nutrientes minerales son reciclados a partir de todos los organismos vivos, pero entran en la biosfera principalmente gracias al sistema radicular de las plantas, por lo que se podría decir, en cierto sentido, que las plantas actúan como los «mineros» de la superficie terrestre. Otros organismos, como los hongos que forman micorrizas y las bacterias fijadoras de nitrógeno pueden participar con las raíces en la adquisición de nutrientes minerales.

3.2. Variables que definen la fertilidad del suelo

La fertilidad del suelo se puede medir y definir mediante varios factores, incluyendo:

- pH: el pH del suelo indica si es ácido o alcalino. Los suelos ácidos tienen un pH menor a 7, mientras que los suelos alcalinos tienen un pH mayor a 7.

- Nutrientes: los nutrientes esenciales para el crecimiento de las plantas incluyen nitrógeno, fósforo y potasio. Un suelo rico en estos nutrientes es considerado fértil.

- Textura: la textura del suelo se refiere a la proporción de arena, arcilla y limo que contiene. Los suelos arenosos son ricos en oxígeno, pero pobres en nutrientes, mientras que los suelos arcillosos son ricos en nutrientes, pero pobres en oxígeno.

- Drenaje: el drenaje del suelo se refiere a la capacidad del agua de escurrir y no acumularse en el suelo. Un suelo con buen drenaje es importante para el crecimiento de las plantas.

- Materia orgánica: la materia orgánica en el suelo es importante para mejorar la fertilidad del suelo, ya que proporciona nutrientes y ayuda a retener agua y a aumentar la actividad biológica del suelo.

3.3. Los elementos esenciales

Cualquier planta es capaz de sintetizar su propio alimento, elaborando compuestos orgánicos, mediante procesos metabólicos internos (fotosíntesis), al captar dióxido de carbono, energía solar, sales minerales y agua. Este proceso bioquímico, que tiene lugar en las hojas, desprende oxígeno al medio atmosférico y genera la energía química necesaria para que la planta pueda formar moléculas orgánicas, como son los carbohidratos (azúcares) que le servirán de alimento.

Como se acaba de indicar cualquier planta necesita tomar una serie de nutrientes minerales para su crecimiento y desarrollo. Se clasifica como elemento esencial todo aquel sin el cual una planta no puede completar su ciclo vital, incluyendo la formación de flores y semillas, así como aquel que forma parte de algún constituyente necesario para el funcionamiento vegetal.

Según las cantidades requeridas por las plantas de cada elemento nutritivo que le son esenciales para vivir, estos quedan clasificados en:

- Macroelementos: los absorbidos en mayor cantidad por las plantas, como son el nitrógeno, fósforo, potasio, magnesio, calcio y azufre.

- Microelementos: los que se van absorbiendo en cantidades mínimas, por ejemplo el hierro, zinc, manganeso, molibdeno, boro y cloro.

Cuando un elemento mineral se halla presente en una concentración inferior a la crítica (o cantidad mínima), se dice que la planta tiene una deficiencia para ese nutriente. Las carencias se manifiestan por síntomas visuales en las hojas, el tallo y/o la raíz, que ayudan a diagnosticar los elementos cuya concentración resulta ser deficiente para la planta. Como la mayoría de los suelos no pueden suministrar la totalidad de los nutrientes que requiere una planta para completar su desarrollo, se hace necesario recurrir al abonado, en cuya operación se aporta materia orgánica y/o mineral. Mientras que los fertilizantes minerales aportan la mayoría de los nutrientes que la planta necesita, los orgánicos estabilizan la estructura del suelo.

Fuente: Fertiberia (2005)

Fig. 3.1. Fertilidad del suelo.

Fig. 3.2. Tractor abonando un suelo agrícola.

ELEMENTO MINERAL	FUNCIÓN
Nitrógeno (N)	Crecimiento y desarrollo vegetal
Fósforo (P)	Desarrollo de raíces y floración y cuajado de los frutos
Potasio (K)	Aporta rigidez a los tejidos de sostén de las plantas. Interviene durante la fructificación
Magnesio (Mg)	Esencial para la fotosíntesis. Forma parte de la clorofila, enzimas y vitaminas de la planta
Calcio (Ca)	Elemento estructural de paredes y membranas celulares
Azufre (S)	Elemento esencial de aminoácidos, proteínas y vitaminas

Tabla 3.1. Funciones de los macroelementos en las plantas.

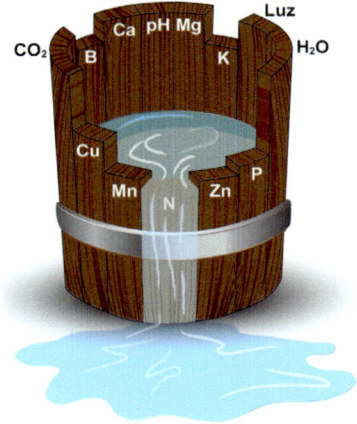

Ley de Liebig: compara el rendimiento y/o crecimiento vegetal con un barril, donde cada duela representa un elemento esencial. El barril solo podrá llenarse hasta la duela más corta, en este caso la correspondiente al nitrógeno. La producción vegetal se ve limitada por el nutriente mineral más escaso.

Fig. 3.3. Elementos esenciales de la nutrición mineral en las plantas.

ELEMENTO MINERAL	FUNCIÓN
Hierro (Fe)	Esencial para la fotosíntesis. Es componente de las enzimas
Zinc (Zn)	Formación de auxinas (hormonas) y carbohidratos
Manganeso (Mn)	Esencial para la fotosíntesis, interviniendo en la síntesis de clorofila
Molibdeno (Mo)	Favorece la fijación de nitrógeno y sintetiza las proteínas
Boro (B)	Juega un importante papel en la floración y la formación de frutos, así como en la división celular
Cloro (Cl)	Beneficia el crecimiento radicular y aéreo (yemas) de la planta

Tabla 3.2. Funciones de los principales microelementos en las plantas.

Elemento	Símbolo	Forma de absorción	Contenido en la planta
Carbono	C	CO_2	40-50 %
Oxígeno	O	O_2 y H_2O	42-44 %
Hidrógeno	H	H_2 y H_2O	6-7 %
Nitrógeno	N	NO_3^- y NH_4^+	1-3 %
Fósforo	P	$H_2PO_4^-$ y HPO_4^{2-}	0,05-1 %
Potasio	K	K^+	0,3-3 %
Calcio	Ca	Ca^{2+}	0,5-3,5 %
Magnesio	Mg	Mg^{2+}	0,3-8 ‰
Azufre	S	SO_4^{2-}	1-5 ‰
Hierro	Fe	Fe^{2+}	100-1000 ppm
Manganeso	Mn	Mn^{2+}	50-300 ppm
Cobre	Cu	Cu^{2+}	10-40 ppm
Zinc	Zn	Zn^{2+}	10-20 ppm
Boro	B	$H_2BO_3^-$	50-300 ppm
Molibdeno	Mo	MoO_4^{2-}	10-40 ppm
Cloro	Cl	Cl^-	-
Sodio	Na	Na^+	-

ppm: partes por millón (número de unidades de la sustancia que hay por cada millón de unidades de todo el conjunto)

Tabla 3.3. Elementos esenciales para el crecimiento y desarrollo de las plantas.

3.4. Necesidades nutritivas de los cultivos hortícolas y de flor cortada

Los cultivos hortícolas y de flor cortada tienen unas necesidades nutritivas muy similares, tanto a nivel de macronutrientes (nitrógeno, fósforo y potasio) como de micronutrientes (calcio, magnesio, hierro, zinc, boro, cobre, manganeso y zinc). Los macronutrientes son esenciales para el crecimiento y desarrollo de las plantas, mientras que los micronutrientes son necesarios en cantidades menores, pero son igual de importantes para el buen desarrollo de las plantas. La falta de algún elemento nutriente indispensable para el crecimiento y desarrollo de la planta puede tener un impacto negativo en el rendimiento y la calidad del cultivo.

La producción y calidad de los cultivos hortícolas están influidas por los niveles de disponibilidad de los macro y micronutrientes en el suelo, sobre todo cuando estos niveles están fuera del rango de suficiencia. El nitrógeno es el nutriente que más frecuentemente limita la producción, aunque a veces el factor limitante puede ser la disponibilidad de fósforo y potasio, o bien de algún micronutriente. La influencia que cada nutriente puede tener sobre la calidad del producto hortícola depende mucho de cada zona y cultivo o especie/variedad vegetal cultivada. Por ejemplo, un exceso de nitrógeno eleva el contenido de nitrato en la lechuga y la espinaca y este aumento puede afectar a su valor comercial.

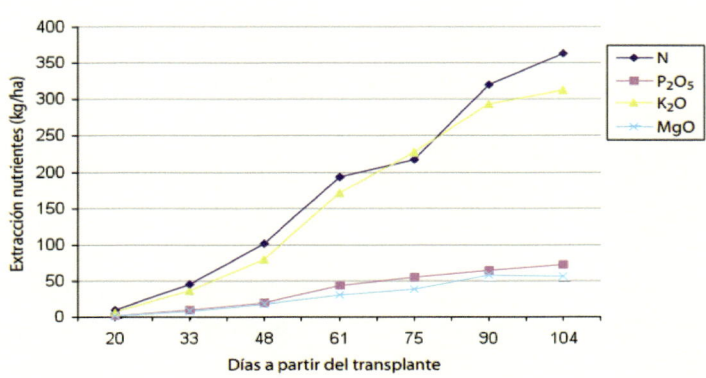

Gráfico 3.1. Ritmo de absorción de nutrientes por el cultivo de brócoli.

Las deficiencias de nutrientes producen una disminución en la producción y calidad de las cosechas y se manifiestan, cuando son más acusadas, en unos síntomas visuales. La deficiencia de nitrógeno suele producir una disminución del crecimiento y un color más pálido o amarillento de las hojas. La deficiencia de fósforo normalmente produce tonos púrpura en las hojas más viejas. La deficiencia de potasio se manifiesta, en algunos casos, por una necrosis de los bordes de las hojas y un curvamiento hacia arriba de los mismos. La falta de calcio suele producir una necrosis de los bordes de las hojas más jóvenes (necrosis apical). La carencia de magnesio provoca un amarilleamiento internervial en las hojas más viejas.

Además de los nutrientes, las plantas también necesitan luz, agua y dióxido de carbono para realizar la fotosíntesis y producir su alimento. Es importante también controlar el pH del suelo, ya que con un pH fuera de los valores ideales los nutrientes no son absorbibles por las raíces.

En resumen, los cultivos hortícolas y de flor cortada requieren una combinación adecuada de macronutrientes y micronutrientes, junto con luz, agua y dióxido de carbono para un óptimo desarrollo y un buen rendimiento de la producción vegetal.

3.5. Análisis foliar: toma de muestras foliares, interpretación, corrección y consecuencias prácticas del análisis

El análisis foliar es una técnica utilizada para determinar la composición química de las hojas de una planta y, por lo tanto, evaluar su sanidad vegetal y nutrición. La toma de muestras foliares se realiza recolectando hojas frescas y limpias de diferentes partes de la planta. Las muestras se llevan a un laboratorio para su análisis químico, que puede incluir mediciones de nutrientes, como por ejemplo nitrógeno, fósforo, potasio, calcio, magnesio, hierro, zinc, manganeso, cobre y boro.

La interpretación de los resultados del análisis foliar se basa en comparar los niveles de nutrientes en las hojas con los rangos de referencia recomendados para esa especie de planta. Si se detectan unos niveles bajos de nutrientes esenciales, pueden tomarse medidas para corregir la carencia, como es la de aplicar los fertilizantes adecuados. En resumen, el análisis foliar es una herramienta muy valiosa para evaluar la nutrición de las plantas, detectar problemas y carencias a tiempo y tomar las medidas oportunas para corregirlos. Los análisis foliares o de tejidos vegetales son el complemento indispensable a los análisis de suelo. Ambos son necesarios para lograr un buen diagnóstico. Para que una muestra pueda considerarse válida, es importante seguir el siguiente procedimiento:

1) Muestrear preferentemente las plantaciones que ya están en fase de plena producción, y/o aquellas que sean sospechosas de tener problemas nutricionales, para intentar corregirlos a tiempo.

2) La toma de muestras debe realizarse cuando el contenido de elementos dentro de la hoja es prácticamente constante, y siempre hacerlo en la misma época del año. Para facilitar la fecha, debido a que a nivel climático/meteorológico todos los años podrían ser diferentes, parece más acertado referirse a un estado fenológico específico de la especie vegetal cultivada, como por ejemplo podría ser el 50 % de flor abierta.

3) Las hojas a muestrear se sacan de la zona media de las ramificaciones emitidas por el tallo en el año, es decir, de los brotes de vigor medio.

4) Las hojas muestreadas tendrán que tener pecíolo y, si se desea estudiar algún problema detectado, tienen que ser verdes, no presentar lesiones y estar completas.

5) La muestra deberá tener un total de 50 a 100 hojas, lo que tendría que dar un peso seco entorno a 100 gramos.

3.6. Extracciones de las cosechas

Para planificar la fertilización de un cultivo agrícola determinado hay que tener en cuenta tanto el estado de fertilidad que tenga el suelo como las extracciones de nutrientes minerales en el mismo, que varían según la especie de planta cultivada y la cuantía de la producción vegetal que se obtenga (cosecha). Con el objetivo de saber el estado de fertilidad edáfica en el aspecto nutricional, es conveniente realizar con una cierta frecuencia un análisis químico de suelos. Para ello, el muestreo debe hacerse con rigurosidad, procurando tomar porciones de suelo en bastantes puntos de la parcela con el objeto de obtener una muestra media representativa de la misma. Y respecto a la época de muestreo, es conveniente hacerlo al final de campaña, cuando el suelo todavía está en tempero (humedad adecuada), para que los resultados analíticos presenten la máxima fiabilidad y que se puedan disponer con tiempo suficiente para planificar la fertilización de la campaña siguiente.

Respecto a la extracción de nutrientes, conviene distinguir entre absorción total de nutrientes en el suelo por la planta (incluye los nutrientes contenidos en la cosecha + los restos de cultivo), de la exportación o salida de nutrientes de la parcela con la cosecha. La extracción total de nutrientes realizada por los cultivos puede ir expresada por unidad superficial, normalmente la hectárea (ha), o por unidad productiva, la tonelada. En cambio, la extracción de nutrientes de la parcela corresponde a los elementos minerales contenidos en los productos cosechados. Y el cálculo de dicha extracción (salida) puede realizarse de dos formas:

a) Restando a los nutrientes absorbidos por la planta los nutrientes que quedan en la parcela con los restos de la cosecha.

b) A partir de los datos del rendimiento y los contenidos tanto de materia seca como de nutrientes.

Para programar una fertilización eficiente y sostenible resulta muy conveniente utilizar el balance de nutrientes en el agroecosistema, incluyendo las pérdidas o salidas y las entradas o aportaciones de nutrientes.

Cultivo	Cosecha (t/ha)	N (kg/ha)	P_2O_5 (kg/ha)	K_2O (kg/ha)	MgO (kg/ha)
Tomate	25-200	2,5-4	0,5-1	3-7	0,4-1
Pimiento	35-80	3-4	0,6-1	4-7	0,4-0,8
Berenjena	35-100	3,5-4,5	0,8-1,2	4-7	0,5-0,9
Pepino	40-300	1-1,6	0,7-0,9	2,6-3,2	0,2-0,5
Melón	25-70	3,4-6	0,8-2,7	4,5-10	1-2,5
Sandía	20-50	3-4	0,8-1,5	4-5	1-2
Calabacín	30-100	3,5-4,5	0,8-2	4-6	0,5-1,4
Lechuga	18-50	2-3,5	0,6-1,2	4-5	0,3-0,5
Espinaca	15-60	1,6-4,5	0,5-1,5	3,5	0,3-0,4
Cebolla	25-50	2,5-4	1-1,5	3-4,5	0,8-1

Tabla 3.4. Extracciones medias de N-P-K-Mg para varios cultivos hortícolas.

A partir de los restos generados por las cosechas vegetales de años o campañas anteriores, primero se realiza su picado y luego su enterramiento, consiguiendo así devolver al suelo una cantidad importante de materia orgánica, conservando así su equilibrio húmico de una forma natural y económica.

Con esta práctica, la cantidad de humus que se genera es dependiente de su propia composición química y del volumen de residuos vegetales incorporado al suelo, lo cual está íntimamente relacionado con la especie cultivada. Con respecto a los abonos verdes, en este caso se deberá esperar a retirar la cosecha, enterrando solo los residuos.

Cultivo	Extracciones en kg por cada 1000 kg de producción					Rendimiento (kg/m²)
	N	P_2O_5	K_2O	CaO	MgO	
Tomate	3,6	1,2	6,0	2,8	1,6	18,0
Pimiento	4,1	2,2	5,4	1,6	1,2	7,0
Berenjena	3,8	1,5	6,1	0,3	0,9	7,0
Calabacín	3,0	1,8	4,3	0,8	1,4	6,0
Pepino	3,1	1,6	3,4	2,0	0,3	11,0
Melón	3,1	1,0	5,9	3,9	1,9	7,0
Sandía	7,3	4,5	13,5	4,0	2,0	7,0
Judía	7,0	4,0	8,0	5,0	2,3	3,0

Tabla 3.5. Extracciones de nutrientes por algunos cultivos hortícolas (Fertiberia).

3.7. Elaboración de una recomendación de fertilización

Al hacer un plan de fertilización, hay que considerar varios aspectos relevantes, como por ejemplo la solubilidad de los abonos, la concentración máxima en la solución, su salinidad y la compatibilidad con otros abonos a la hora de mezclarlos:

	Nitrato amonio	Sulfato amonio	Urea	Nitrato cálcico	Nitrato potásico	MAP o DAP	Ácido fosfórico	Sulfato potásico	Cloruro potásico
Nitrato amonio		C	E	I	C	E	E	C	C
Sulfato amonio	C		E	I	C	I	I	C	C
Urea	E	E		E	E	E	E	C	C
Nitrato cálcico	I	I	E		C	I	I		
Nitrato potásico	C	C	E	C			C	C	C
MAP o DAP	E	I	E	I	C			C	C
Ácido fosfórico	E	I	E	I	C	C		C	C
Sulfato potásico	C	C	C	I	C	C	C		C
Cloruro potásico	C	C	C	C	C	C	C	C	

Tabla 3.6. Mezcla de abonos. C: compatible; E: se puede mezclar; I: incompatible.

- Pureza: se deben utilizar productos con la mayor pureza posible, puesto que las sales contienen a veces materias inertes que pueden reaccionar imprevisiblemente, o incluso provocar obturaciones en el sistema de riego.

- Solubilidad: nos interesa disponer de productos altamente solubles, teniendo en cuenta la compatibilidad con otros abonos y con el propio agua de riego.

- Salinidad y toxicidad: al calcular la dosis no se deben superar valores admisibles de salinidad. Igualmente ocurre con respecto a la toxicidad de ciertos iones.

- Compatibilidad: posibilidad para mezclar dos fertilizantes de tal forma que sus propiedades físico-químicas no lleguen a experimentar ningún deterioro.

Además de todo lo expuesto anteriormente, se deberán tener en cuenta estas consideraciones:

- Realizar un análisis del suelo para conocer su nivel de fertilidad y las características físico-químicas que puedan afectar al comportamiento y eficacia de los fertilizantes.

- Analizar el agua de riego para saber la cuantía de nutrientes minerales que aporta, los niveles de iones tóxicos, la conductividad eléctrica, salinidad, etc. La concentración total de los abonos en el agua de riego no debe superar el 1 por 1000, es decir, 1 kg de abono por cada 1000 litros de agua de riego.

- No es recomendable utilizar abonos con aditivos que puedan producir espumas.

- No es aconsejable mezclar los abonos, a no ser que no haya duda de que son totalmente compatibles entre sí y con el agua de riego. Cuando sea preciso mezclar abonos, para su aplicación simultánea, se ha de tener en cuenta la Tabla 3.6.

- Cuando se trata de un abono soluble resulta conveniente utilizar un agitador o un sistema de mezcla por inyección de aire o agua en el fondo del tanque para favorecer la disolución. Los fertilizantes potásicos deben disolverse bien antes de aplicarlos.

- No se deben mezclar abonos fosforados con fertilizantes que contengan calcio, magnesio o hierro, abonos cálcicos y abonos a base de sulfatos, ni formas amoniacales con fertilizantes de reacción básica.

- Se debe comenzar y finalizar el riego con agua sola. Por ejemplo, en un riego de 3 horas, es recomendable iniciar el riego con 10 minutos a base, solamente, de agua. Luego se aplicarían los fertilizantes durante 2 horas y

35 minutos. Por último, se limpia el sistema de riego con otros 15 minutos de agua sola.

- Hay que tener precaución con el uso de abonos líquidos a bajas temperaturas, pues al estar muy concentrados, pueden producir precipitados (compuestos insolubles).

La riqueza de un abono es la cantidad que contiene de un elemento nutriente, o de varios, en dicho abono. Así, por ejemplo, la urea tiene un 46 % de N, es decir, por cada 100 kilos de abono (urea) se aportan 46 kg de nitrógeno. El contenido de cada uno de los elementos minerales que determinan la riqueza de un fertilizante o abono está expresado de la siguiente forma:

- N, para todas las formas de nitrógeno.

- P_2O_5, para todas las formas de fósforo.

- K_2O, para todas las formas de potasio.

- CaO, para todas las formas de calcio.

- MgO, para todas las formas de magnesio.

- SO_3, para todas las formas de azufre.

ELEMENTO	RIQUEZA (en UF)	FACTOR DE CONVERSIÓN
Nitrógeno	% N	1
Fósforo	% P_2O_5	0,44
Potasio	% K_2O	0,83

Tabla 3.7. Factores de conversión.

Se define unidad fertilizante (UF) como la unidad de medida que da la concentración y riqueza de un abono, expresado en tanto por ciento. A la hora de abonar, hay que tener en cuenta esa riqueza para usar el abono más adecuado al resultado que se pretenda obtener.

Para calcular las unidades fertilizantes de nitrógeno, fósforo y potasio es necesario realizar un balance agronómico sobre las cantidades que demandará el cultivo de dichos elementos nutritivos, las pérdidas por lixiviación o volatilización y los aportes minerales por lluvia o agua de riego. Una vez conocidas las demandas nutritivas correspondientes al cultivo y la concentración del abono, ya se podrá calcular la cantidad que se debe aportar.

Por ejemplo, ¿cuánto N-P-K hay en 50 kg de abono 15-8-11?

SOLUCIÓN:

- **Cálculo de N:**

  Al no tener factor de conversión, se calcula mediante una sencilla regla de tres, de tal forma que si en 100 kg de abono hay 15 kg de N, en un saco de 50 kg habrá 7,5 ($= 0,15 \times 50$ kg).

- **Cálculo de P:**

  $P = 0,08 \times 0,44 \times 50$ kg $= 1,76$ kg

  Donde:

  — 0,08 es la concentración de P_2O_5 (8 %).

  — 0,44 es el factor de conversión correspondiente al fósforo.

- **Cálculo de K:**

  $P = 0,11 \times 0,83 \times 50$ kg $= 4,56$ kg

  Donde:

  — 0,11 es la concentración de K_2O (11 %).

  — 0,83 es el factor de conversión correspondiente al potasio.

Fig. 3.4. Saco de abono sólido para ser aportado al suelo y abono líquido de aplicación vía foliar.

ESTIÉRCOL	NITRÓGENO	FÓSFORO	POTASIO
Ave	2,72	2,23	2,26
Caballo	1,98	1,29	2,41
Cabra	2,38	0,57	2,50
Cerdo	1,77	2,11	0,57
Conejo	1,91	1,38	1,30
Oveja	2,82	0,41	2,62
Vaca	0,94	0,42	1,89

Tabla 3.8. Promedio de nutrientes minerales N-P-K contenidos en distintos estiércoles animales (en % de materia seca).

Producción (kg/ha)	Abonado de fondo (kg/ha)			Cobertera (kg N/ha)
	N	P$_2$O$_5$	K$_2$O	
Hasta 2000	15-20	30-50	20-30	30-40
2000-3000	20-25	45-70	25-45	40-65
3000-4000	35-35	60-90	40-65	65-85
Más de 4000	35-40	80-130	60-90	85-110

Tabla 3.9. Recomendaciones de abonado para el trigo y la cebada (2010).

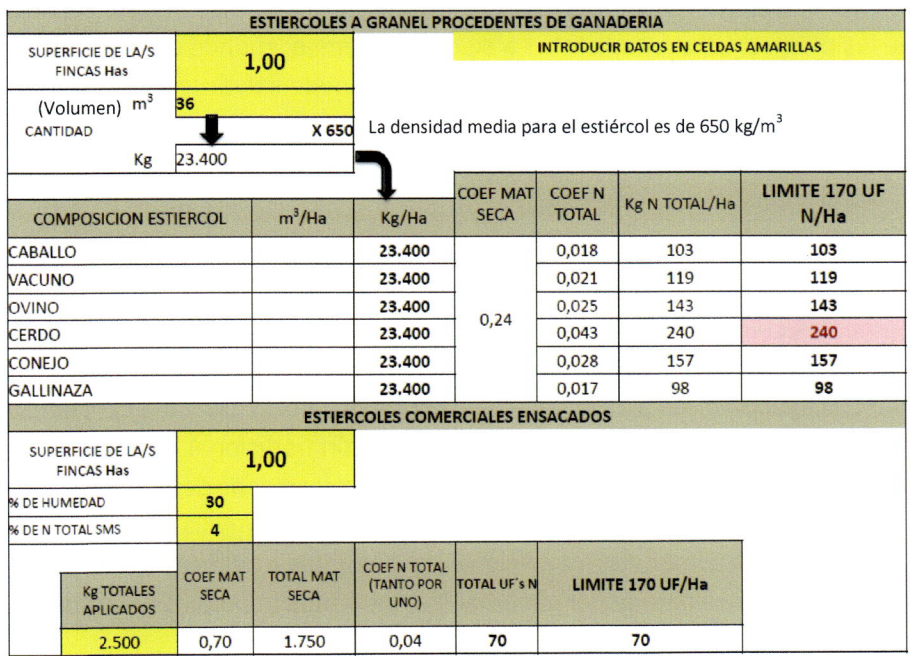

Fig. 3.5. Cálculo de las UF de nitrógeno en aplicaciones con estiércol.

3.8. Aplicación de los nutrientes necesarios. Aplicación al suelo. Aplicación por vía foliar

La fertilización foliar es una práctica que suministra nutrientes a las plantas a través de su follaje, ya sea mediante su disolución en agua o rociándolos directamente sobre las hojas. Con el uso de un fertilizante o abono foliar **se complementa y mantiene el equilibrio nutricional de las plantas**, especialmente durante los periodos de máxima exigencia vegetal, garantizando la protección del cultivo hasta la cosecha. Asimismo, los fertilizantes foliares ofrecen multitud de ventajas:

- Son un **potenciador vegetativo** de la planta.

- Facilitan el **aumento de la producción.**

- Reducen el **ataque de insectos**.

- Protegen contra el **estrés hídrico**.

- Mejoran la **coloración de los frutos** y prolongan la vida poscosecha.

Este suplemento nutricional suele dar unos resultados muy rápidos cuando ya son observables las primeras señales de debilidad y atraso en hojas, tallos, flores y/o frutos. **Las aplicaciones foliares** se realizan pulverizando una solución líquida, que contiene un abono soluble (nutrientes minerales), sobre las hojas de las plantas. Un abonado foliar a su debido tiempo, cuando se observan los primeros indicios de un problema vegetativo, puede salvar todo un cultivo y, por ende, toda una cosecha. Unas hojas amarillentas y escasas, un crecimiento muy lento, plantas debilitadas por el sol, etc., son indicios que debemos atacar con una buena fertilización foliar.

Es necesario recordar que los principales nutrientes se absorben de forma natural por la raíz (nitrógeno, fósforo, potasio, magnesio y azufre) y que los micronutrientes como el boro, hierro, manganeso o zinc, entre otros, son captados a través del follaje. Por este motivo, la fertilización foliar debe ser considerada con el fin de aportar minerales específicos o corregir a corto plazo las deficiencias nutricionales y no para reemplazar la fertilización tradicional ni descuidar los componentes del suelo. Es más un complemento y no debe ser utilizado como un sustituto de una fertilización del suelo. La fertilización foliar también es recomendada cuando existen condiciones ambientales o edáficas que limitan la labor de las raíces para poder absorber los nutrientes minerales en el suelo de cultivo.

Entre las dos estrategias más empleadas en lo referente al plan de abonado del suelo, encontramos el **abonado de fondo** y el **abonado de cobertera**, que plantean el eterno debate de si es mejor optar por una u otra técnica de fertilización. Antes de tomar partido por cualquiera de ambas, vamos a dejar claro qué entendemos por un abonado de fondo y qué plantea la fertilización de cobertera. La principal diferencia entre un abonado de fondo y otro de cobertera es el momento de aplicación de los fertilizantes. El abonado de fondo, también conocido como abonado de sementera, consiste en acometer la fertilización del suelo poco antes o en el mismo momento de la siembra, y se aplica enterrándose mediante laboreo. Por contra, el abonado de cobertera es el que se realiza durante el desarrollo y crecimiento del cultivo, normalmente a través de la fertirrigación. El abonado de cobertera puede llevarse a cabo con el fin de mantener o corregir los niveles y/o la proporción de los elementos minerales del suelo. Determinar cuál es el mejor plan de abonado dependerá de varios factores, como por ejemplo el tipo de cereal que vayamos a sembrar y su aplicación agroindustrial o la rotación de los cultivos, pero en líneas generales lo más acertado es combinar ambas técnicas.

Es recomendable aplicar los fertilizantes con bases de fósforo y potasio y parte del nitrógeno total durante al abonado de fondo, para una mejor asimilación de las raíces, y completar la fertilización con un plan de cobertera que cubra las necesidades totales de nitrógeno de la plantación, junto a otros fertilizantes compuestos con calcio, magnesio y/o azufre.

Fig. 3.6. Abonado orgánico al suelo de cultivo.

3.9. Selección de abonos que se van a emplear

Los tipos de abonos para plantas que existen se engloban en dos principales: abonos orgánicos y abonos minerales. Los abonos orgánicos están fabricados mediante productos naturales y son los más respetuosos para el medioambiente. Su principal ventaja es que, además de fertilizar la planta, enriquecen al suelo en donde se aplican. A pesar de todo ello, cuentan con un pequeño inconveniente: son bajos en nutrientes minerales, algo que obliga o bien a utilizar más cantidad de abono, o bien a complementarlos con abonos minerales.

El compost es uno de los abonos orgánicos más utilizados. Los principales abonos orgánicos que solemos utilizar son el estiércol, compost, humus o la turba. Aparte de sus bondades como fertilizantes, los abonos orgánicos resultan magníficos para nivelar el terreno o crear un lecho de cultivo rico para las plantas. Los fertilizantes inorgánicos utilizan fórmulas en las que la presencia de nitrógeno, fósforo, potasio y otros elementos minerales claves para las plantas está equilibrada en un laboratorio.

3.10. Identificación de la época y el apero con el que se va a realizar la aplicación de abono

La época y el apero son factores importantes a considerar cuando se desea planificar la aplicación de un determinado abono. La época más adecuada dependerá de cuál sea el tipo de cultivo que se haya cultivado y de las condiciones climáticas existentes. Por ejemplo, es recomendable aplicar abono en primavera para cultivos de primavera-verano y en otoño para cultivos de otoño-invierno.

El apero a utilizar dependerá de la clase de abono y del tamaño de la superficie a cubrir. Por ejemplo, para grandes extensiones de terreno se utilizan distribuidores de abono autopropulsados, mientras que para parcelas pequeñas pueden utilizarse carretillas con ruedas o incluso un cubo y una pala. Es importante asegurarse de que los aperos a emplear estén en buen estado antes de usarlos para garantizar unas aplicaciones uniformes y eficientes del abono.

3.11. Soluciones nutritivas: cálculo de soluciones nutritivas. Ejemplo de cálculos

Una solución mineral asimilable para las plantas es una mezcla de nutrientes vegetales disueltos en el agua de riego. La fuente mineral de los nutrientes queda formada por fertilizantes hidrosolubles. La fertilización mineral a través del agua se utiliza mucho en cultivos hidropónicos, donde la solución hidronutritiva es la única fuente de nutrientes disponible para las plantas.

A la hora de diseñar la solución nutritiva y calcular las dosis de fertilizantes que se deben disolver en el agua, hay que tener en cuenta lo siguiente:

- Análisis de agua: la fuente de agua puede contener nutrientes esenciales, que deben ser tenidos en cuenta. Por lo tanto, es importante analizar el agua de riego para conocer su contenido de nutrientes, sus propiedades físicas y químicas u otros minerales existentes.

- Obtener las necesidades nutritivas del cultivo (en ppm o mg/l).

- Calcular el aporte mineral complementario de los fertilizantes: por ejemplo, si el requerimiento de magnesio es de 70 ppm y la fuente de agua contiene 30 ppm, entonces se debe complementar con $70 - 30 = 40$ ppm de magnesio con fertilizantes, es decir, que se deberían agregar 40 miligramos de magnesio por cada litro de solución nutritiva. Si el valor fuese ≤ 0, entonces no se debería utilizar ningún fertilizante que contenga ese nutriente.

- Realizar un listado con los fertilizantes disponibles.

- Calcular las dosis de los fertilizantes elegidos:

Fertilizantes sólidos	Fertilizantes líquidos

$$D\left(\frac{\text{mg}}{\text{l}}\right) = \frac{100 \times N(\text{mg/l})}{C(\%)}$$

$$D\left(\frac{\text{l}}{\text{m}^3}\right) = \frac{N(\text{mg/l})}{C(\%) \times \rho(\text{kg/l}) \times 10}$$

D: Dosis requerida de fertilizante

N: cantidad necesaria del nutriente objetivo

C: concentración del nutriente en el fertilizante

ρ: densidad del fertilizante

Ejemplo: calcular la dosis de sulfato de magnesio (fertilizante sólido) requerida para poder aplicar 18 ppm (o mg/l) de magnesio. El sulfato de magnesio contiene un 9 % de Mg (magnesio) y un 14 % de S (azufre).

$$D = \frac{100 \times 18 \, \text{mg/l}}{9} = 200 \frac{\text{mg}}{\text{l}}$$

Por lo tanto, habría que agregar 200 mg/l de sulfato de magnesio a la solución nutritiva y con ello se aportarían 20 ppm de magnesio. La cantidad aportada de azufre podría obtenerse aplicando esto:

$$200 \frac{\text{mg}}{\text{l}} = \frac{100 \times N_S}{14} \Rightarrow N_S = \frac{14 \cdot 200}{100} = 28 \frac{\text{mg}}{\text{l}} = 28 \, \text{ppm}$$

3.12. Factores que afectan a la solución nutritiva. Medidas de control

Hay varios factores que pueden afectar a la eficacia de las soluciones nutritivas para las plantas cultivadas. Algunos de dichos factores incluyen:

1. Tipo de planta: cada especie de planta tiene unos requerimientos nutricionales diferentes. Por ejemplo, algunas plantas son más tolerantes a niveles bajos de fósforo mientras que otras requieren unos niveles más altos.

2. Condiciones del suelo: el pH, la textura y la fertilidad edáfica pueden afectar a la disponibilidad mineral de los nutrientes asimilables para las plantas. Por ejemplo, las plantas pueden tener dificultades para absorber ciertos nutrientes en suelos con un pH demasiado alto o demasiado bajo.

3. Clima: algunos factores climáticos, como la humedad, la temperatura y la luz solar, pueden afectar al crecimiento y desarrollo de las plantas, así como

a sus necesidades de nutrientes minerales. Por ejemplo, las plantas suelen requerir más agua durante un periodo de sequía.

4. Época del año: la necesidad de nutrientes de las plantas cambia durante su ciclo de vida. Durante la etapa de floración o frutificación, las plantas requieren un mayor suministro de nutrientes en comparación con las etapas vegetativas del ciclo de vida.

5. Frecuencia de riego: la frecuencia con la que se riega una planta también puede afectar a la disponibilidad mineral de los nutrientes asimilables. Las plantas regadas con una mayor frecuencia pueden requerir un suministro más constante de nutrientes minerales.

6. Dosis y tiempo de aplicación: es importante seguir las instrucciones respecto a la dosificación y a la frecuencia de las aplicaciones de los productos nutritivos, ya que un exceso o una aplicación en momentos inadecuados podrían ser perjudiciales para la planta.

7. Interacción entre nutrientes: los diferentes nutrientes deben estar equilibrados entre sí para proporcionar un suministro adecuado de nutrientes a las plantas. Por ejemplo, un exceso de nitrógeno puede competir con la absorción de otros nutrientes importantes, como sería el fósforo o el potasio.

Es importante tener en cuenta estos factores a la hora de seleccionar y aplicar soluciones nutritivas para las distintas especies vegetales cultivadas, ya que pueden afectar significativamente al crecimiento y el desarrollo de las plantas.

3.13. Aportación de soluciones nutritivas

Las soluciones nutritivas para las plantas cultivadas son una combinación de ciertos elementos químicos esenciales, que las plantas necesitan en más (macronutrientes: N-P-K) o menos cantidad (micronutrientes: Fe-Zn-Cu...) para su crecimiento y desarrollo. Existen diferentes formas de proporcionar los macro y micronutrientes a las plantas, como son el uso de fertilizantes químicos, abonos orgánicos o la incorporación de enmiendas al suelo. Cuando se aporta una solución nutritiva, resulta importante considerar los tipos de plantas cultivadas (especies, variedades, etc.), así como las condiciones de suelo y clima.

Una forma de proporcionar los diferentes nutrientes que necesitan las plantas es mediante la utilización de fertilizantes químicos. Estos fertilizantes están disponibles en forma líquida o granular, y quedan formados por una combinación específica de al menos uno o varios de los tres macronutrientes principales (N-P-K). Los fertilizantes químicos suelen proporcionar una disponibilidad rápida de los nutrientes para las plantas, pero a su vez pueden ser menos sostenibles a largo plazo, ya que podrían tener un impacto negativo en el medioambiente si se usan en exceso.

Otra forma de proporcionar nutrientes a las plantas es mediante la utilización de abonos orgánicos. Estos abonos se obtienen a partir de los restos de plantas o animales, y pueden incluir compost, estiércol o lodos de distintos estanques (depuradoras, depósitos, etc.). Los abonos orgánicos suelen proporcionar una disponibilidad más lenta de los nutrientes en comparación con los fertilizantes químicos, pero también pueden mejorar la calidad del suelo a largo plazo.

También se pueden proporcionar nutrientes a las plantas por la incorporación de enmiendas del suelo. Estas enmiendas pueden incluir desde rocas inorgánicas (fosforita o sulfato de potasio) a sustancias orgánicas, como es el humus de lombriz. La incorporación de las enmiendas al suelo puede ayudar a mejorar la calidad edáfica y proporcionar nutrientes a las plantas a largo plazo.

3.14. Selección, manejo y mantenimiento básico de equipos y herramientas para la aplicación del abonado

La selección, el manejo y el mantenimiento adecuado de los equipos y las herramientas para la aplicación de abonos resulta esencial para garantizar que el proceso sea eficiente y seguro, tanto a nivel de usuario como para el medioambiente.

La selección de los equipos y las herramientas dependerá del tipo de abono aplicado y del tamaño de la superficie a tratar. Por ejemplo, para el aporte de un abono líquido a un pequeño jardín, se puede utilizar una botella de pulverización manual, mientras que para una parcela grande se necesitará una máquina de fertilización.

Algunos de los equipos y de las herramientas más comúnmente utilizados para la aplicación de abonos incluyen:

- Botellas de pulverización manual: son ideales para el aporte de pequeñas cantidades de abono líquido en áreas o superficies pequeñas.

- Mangueras y boquillas: necesarias para conectar la botella de pulverización manual o la máquina de fertilización al suministro de agua o abono.

- Cucharas y palas: útiles para mezclar y aplicar abonos granulados.

- Rastrillos: perfectos para distribuir e incorporar abonos granulados al suelo.

- Máquinas de fertilización: son ideales para el aporte de grandes cantidades de abono en superficies extensas.

Una vez seleccionados los equipos y las herramientas que se necesitan, es importante asegurarse de utilizarlos correctamente. Por ejemplo, habrá que seguir las instrucciones de la botella de pulverización manual cuando se aplica el abono líquido, y asegurarse de que las boquillas de la máquina de fertilización estén limpias y libres de obstrucciones antes de usarla.

Además es importante mantener los equipos y las herramientas en un buen estado de conservación y uso, para lo cual resulta necesario:

- Limpiar los equipos y las herramientas después de ser utilizados.

- Almacenar los equipos y las herramientas en un lugar seco y protegido de la intemperie.

- Revisar periódicamente los equipos y las herramientas para detectar posibles desgastes o daños, y repararlos o remplazarlos cuando sea necesario.

Fig. 3.7. Maquinaria de abonado agrícola.

Es importante seguir las instrucciones del fabricante para el uso, mantenimiento y almacenamiento de los equipos y las herramientas agrícolas.

3.14.1. Abonos orgánicos

Las abonadoras, tanto manuales como automáticas, disponen de un elemento mecánico para regular la cantidad de abono que sale al exterior. Igualmente, los remolques, distribuidores y las cisternas tienen la posibilidad de regular la salida del producto que cargan, así como la fuerza con la que lo expulsan. El mantenimiento adecuado de dicho mecanismo es fundamental si se desea trabajar satisfactoriamente durante los usos posteriores. Toda la maquinaria usada durante las tareas relativas a la incorporación de abonos orgánicos en los campos de cultivo presenta unas características comunes, cuyo mantenimiento básico pasa por efectuar una serie de operaciones periódicas para cada sistema que componen la máquina (refrigeración, circuito eléctrico, filtros, batería, nivel de aceite, neumáticos, etc.). Siempre se deberán seguir las recomendaciones dadas por el fabricante.

Junto a las operaciones de mantenimiento, deben revisarse periódicamente los tornillos y las piezas mecánicas de ajuste para verificar que todas están bien apretadas y no presentan holgura, en cuyo caso habría que proceder a ello. Las herramientas y la maquinaria usadas durante la operación de abonado deberán ser limpiadas cada vez que cesa su actividad, aplicando un enjuague a presión y, si procede, un rascado manual con espátula o cepillo. Los neumáticos deben ser lavados exteriormente con frecuencia, sobre todo cuando el tractor o remolque se haya usado para distribuir productos de alto poder corrosivo como son los abonos químicos, ya que estos atacan la goma, secándola y cuarteándola. Asimismo, se aconseja engrasar bien todas las piezas mecánicas que lo puedan requerir, pintar o cubrir con algún producto anticorrosivo aquellas zonas sensibles a la oxidación y guardar la maquinaria bajo nave cerrada y sin humedad.

3.14.2. Fertilizantes químicos

Para la limpieza y conservación diaria de los equipos, las herramientas e instalaciones que se usan en las diferentes operaciones de abonado químico, se procederá de la misma forma que con respecto a los abonos orgánicos. La limpieza y el correcto mantenimiento de una máquina son dos tareas muy importantes para minimizar su desgaste y deterioro, dejándola en condiciones óptimas de trabajo (altos rendimientos). Antes de proceder a la limpieza de la máquina, se debe comprobar que tanto el motor del tractor como el disco de la abonadora están parados. Luego, se hace un lavado íntegro de todas las partes que han estado en un prolongado roce con el abono, como el chasis y la tolva. Se deberá cerrar la salida de abono para lavar la tolva por dentro y luego se continuará lavando la máquina por fuera. Tras dejarla secar, deberán engrasarse las zonas de compuertas, engranajes, etc.

Cada cierto tiempo hay que comprobar el nivel de aceite de la máquina, rellenándolo o cambiándolo si fuese necesario. Después de cada temporada es aconsejable hacer una revisión a fondo de la máquina, cambiando cuanto antes las piezas estropeadas.

Los buenos hábitos de limpieza y coordinación de tareas en una instalación agrícola, como lo es un correcto amontonamiento de los abonos envasados, ayudan a prevenir caídas o resbalamientos y minimizan los riesgos de incendio. Para ello, se deberán mantener todas las escaleras de acceso y plataformas libres de grasa, basura o lodo, lavándolas regularmente con agua y jabón. Por otro lado, los operarios deben llevar un calzado adecuado: antiresbalamiento.

Fig. 3.8. Tipos de abonado: sólido-mineral (izq.) y líquido-foliar (dcha.).

3.14.3. Ejecución de la limpieza, desinfección y ordenamiento de las instalaciones, equipos, máquinas y herramientas utilizadas

El correcto funcionamiento de una explotación agrícola depende mayoritariamente de que sus instalaciones estén bien mantenidas y en un perfecto estado de conservación. Cualquier avería de una parte o algún elemento de la explotación, por ejemplo un vertido de producto fitosanitario, puede causar daños al medioambiente siempre y cuando no se actúe a tiempo. Las construcciones de obra, tales como naves industriales, almacenes, talleres y el resto de la explotación agraria han de permanecer siempre ordenadas y limpias. Los terrenos no cultivados deberán estar libres de malas hierbas para no ser focos infecciosos o de incendio por acumulación de basura y cobijo de animales no deseados (insectos, roedores, etc.). La desinfección de las instalaciones, máquinas y herramientas ha de realizarse con productos comerciales, teniendo la precaución de no emplear alguno que sea incompatible a nivel agrícola. Para ello se debe leer atentamente la etiqueta del producto antes de ser utilizado. La periodicidad vendrá en función del mayor o menor uso que se le dé a la instalación y al resto de los equipos agrícolas, debiendo seguir las instrucciones del fabricante.

3.15. Normas medioambientales y de prevención de riesgos laborales en la aplicación del abono

La aplicación de abonos puede tener impactos ambientales y de salud si no se realiza de un modo adecuado, por eso es importante seguir las normas medioambientales y de prevención de riesgos laborales en este proceso.

En cuanto a las normas medioambientales, resulta importante seguir las regulaciones locales y nacionales en cuanto al uso y aplicación de los abonos. Por ejemplo, en algunas áreas puede haber ciertas restricciones en cuanto al uso de algunos tipos de abonos químicos, debido a su potencial de contaminar el agua o causar daños a la fauna y la flora. También es de gran importancia evitar aplicar el abono en días de fuerte viento, ya que podría causar deriva y terminar aplicando cantidades de abono en lugares indeseados.

En cuanto a la prevención de riesgos laborales, resulta importante seguir las regulaciones y recomendaciones para el manejo seguro de los abonos. Por ejemplo, se recomienda usar los equipos de protección personal, como guantes y mascarillas, al manipular abonos líquidos o granulados. Deberá evitarse la inhalación de polvo al manipular abonos secos, así como también evitar el contacto directo con la piel. Además es importante seguir las instrucciones del fabricante para el almacenamiento y el uso de los abonos, teniendo precaución con las normas y medidas de seguridad, así como con las reglamentaciones ambientales existentes.

Fig. 3.9. Cartel de PRL sobre la siniestralidad agraria.

También es de gran importancia comprobar el buen estado de los equipos y las herramientas que vayan a emplear para el aporte de los abonos, utilizándolos de manera segura. Es importante disponer de una cierta capacitación en el uso de los equipos y las herramientas de abonado, siguiendo las instrucciones del fabricante para el uso seguro y el mantenimiento adecuado.

En general, hay que ser consciente de los posibles impactos ambientales y sobre la salud humana que puedan estar asociados con el aporte de abonos agrícolas, y seguir las regulaciones y recomendaciones existentes para garantizar un tratamiento seguro y sostenible.

Contaminaciones ambientales por el uso de fertilizantes agrícolas

Se produce contaminación por algún fertilizante químico cuando este no es aplicado en la cantidad exacta, o inferior a ella, de la dosis mineral que debería tomar la planta de un cierto cultivo agrícola para poder cubrir esa necesidad nutricional, sino que se añade a una porción mayor. También aparece tal contaminación si el abono inorgánico es transportado/eliminado por acciones hídricas o eólicas de la capa edáfica superficial antes de ser absorbido por la biomasa, mezclándose con otro medio físico distinto (suelo profundo, arroyo, río, cauce de agua subterránea, etc.) o bien depositándose sobre la superficie de otros lugares agroforestales o incluso urbanos.

Los excesos de nitrógeno y fosfatos podrían ser infiltrados o arrastrados hasta cursos de agua subterránea o superficial respectivamente. Una sobrecarga de fertilizantes minerales podría provocar la eutrofización de lagos, embalses y/o estanques, dando lugar a una explosión de algas que mermarían la vida vegetal y animal en dichos ecosistemas acuáticos.

El suelo es un componente clave para el medioambiente. Puede adsorber y perder iones en función de los tipos de partículas minerales que presenta, el contenido y la naturaleza de su materia orgánica, la reacción (pH), el potencial redox, la humedad (%), etc. El pH es importante porque controla el comportamiento de los metales, junto a otros muchos componentes edáficos. Los cationes de metales pesados resultan ser más móviles cuando el pH de la solución del medio es ácido, lo cual provoca su absorción por las plantas y de tal manera pasan a las cadenas tróficas como tóxicos o bajo cantidades mínimas que causan deficiencias. Un pH básico produce un efecto inverso, la inmovilización de los metales pesados, excepto para el molibdeno. El cambio iónico es otra concausa que influye sobre la dinámica de los metales edáficos. En él participan distintos factores, tales como la naturaleza de los propios iones y sus intercambiadores, la concentración de los mismos en la solución, el efecto de contra-ión, etc.

Debido a la utilización excesiva de los fertilizantes minerales, los ciclos biogeoquímicos de las plantas están cambiando, ya que la ganadería ingiere hierba durante intervalos de tiempo más largos en el año y esto hace acortar los periodos de descanso entre cosechas. Todo ello afecta de forma directa tanto al desarrollo vegetal como a las condiciones edáficas de cultivo, por verse modificados los tiempos en la transformación de la materia orgánica.

El uso de un recurso medioambiental será sostenible siempre y cuando se aproveche por debajo de su capacidad natural para renovarse. Si este concepto se transfiere a un medio agrícola, debería describir un sistema de cultivo capaz de mantener indefinidamente su producción vegetal de forma respetuosa con el medioambiente. Actualmente, hay dos modelos principales de agricultura sostenible:

a) Producción vegetal ecológica: su objetivo fundamental es obtener alimentos de máxima calidad, respetando el medioambiente y conservando la tierra fértil mediante la utilización óptima de los recursos naturales. El agricultor ecológico aplica técnicas de cultivo respetuosas con el medioambiente, tales como:

- Laboreo y mecanización: trabaja el suelo evitando su erosión y compactación, manteniendo una estructura edáfica sin grandes volteos y realizando un laboreo mínimo de conservación.

- Fertilización: vierte al suelo materia orgánica (estiércol descompuesto, abonos verdes, etc.) y abonos minerales que se obtienen de forma natural: rocas en polvo, fosfatos, escorias…

- Plagas y enfermedades: emplea variedades vegetales resistentes frente a fitopatógenos y usa la lucha biológica para reducir sus ataques.

b) Producción vegetal integrada: se trata de una explotación agraria que produce alimentos vegetales usando los recursos naturales para reemplazar los insumos contaminantes, asegurando así un sistema sostenible con el medioambiente. Para controlar la sanidad vegetal, se aplican métodos biológicos y químicos permitidos u otras técnicas (mecánicas) que compatibilicen la seguridad alimentaria en la sociedad, la protección al medioambiente y la productividad agrícola. Los objetivos que la producción integrada pretende lograr son:

- Obtener productos de alta calidad.

- Proteger la salud humana.

- Respetar el ecosistema natural (flora y fauna).

- Minimizar el uso de fitosanitarios y abonos químicos.

- Asegurar una viabilidad económica.

- Controlar todo el proceso de producción: trazabilidad alimentaria.

- Respetar el paisaje agrario y fomentar el desarrollo rural.

Normativa medioambiental:

- Ley 11/1997, de 24 de abril, de envases y residuos de envases.

- Real Decreto Legislativo 1/2001, de 20 de julio, por el que se aprueba el texto refundido de la Ley de Aguas.

- Real Decreto 1055/2022, de 27 de diciembre, de envases y residuos de envases.

- Real Decreto Legislativo 1/2016, de 16 de diciembre, por el que se aprueba el texto refundido de la Ley de prevención y control integrados de la contaminación.

- Ley 43/2002, de 20 de noviembre, de Sanidad vegetal.

- Orden APA/326/2007, de 09/02, por la que se establecen las obligaciones de los titulares de explotaciones agrícolas y forestales en materia de registro de la información sobre el uso de productos fitosanitarios.

- Ley 42/2007, de 13/12, del Patrimonio Natural y de la Biodiversidad.

- Ley 45/2007, de 13/12, para el Desarrollo sostenible del medio rural.

- Real Decreto 1078/2014, de 19 de diciembre, por el que se establecen las normas de la condicionalidad que deben cumplir los beneficiarios que reciban pagos directos, determinadas primas anuales de desarrollo rural, o pagos en virtud de determinados programas de apoyo al sector vitivinícola.

- Ley 4/2009, de 14 de mayo, de Protección Ambiental Integrada.

- Real Decreto-ley 17/2012, de 4 de mayo, de Medidas urgentes en materia de Medioambiente.

Real Decreto 1215/1997, de 18 de julio, sobre Disposiciones mínimas de seguridad y salud para la utilización por los trabajadores de los equipos de trabajo:

Son equipos de trabajo móviles los tractores agroforestales y las máquinas agrícolas autopropulsadas. Los operarios a bordo de un equipo de trabajo móvil deberán estar siempre protegidos cuando exista peligro de que pueda volcar en dirección lateral y/o longitudinal durante su desplazamiento, como puede ser el caso de un tractor avanzando por una pendiente. A este respecto los tractores y las máquinas agrícolas incorporarán estructuras, marcos o cabinas de protección que impidan el aplaste de personas en caso de vuelco. En relación a los vehículos agrícolas de ruedas, requerirán frenos de servicio y de estacionamiento, debiendo ser posible disminuir progresivamente la marcha de los mismos hasta quedar estáticos cuando falle su sistema de frenado. Los trabajos efectuados desde un equipo, mientras este se desplaza, como por ejemplo realizar una labor agrícola sobre una plataforma móvil, solo deberán ser autorizados cuando el trabajador disponga de un emplazamiento seguro.

Real Decreto 374/2001, de 6 de abril, sobre la Protección de la salud y seguridad de los trabajadores contra los riesgos relacionados con los agentes químicos durante el trabajo:

Es común el transporte y almacenamiento de fertilizantes químicos para uso agrario, en cuyas operaciones toma vital importancia la salud de quienes manipulan estos productos, desde los fabricantes hasta los aplicadores, la cual queda expuesta a una serie de riesgos potenciales por intoxicación. Aunque los agricultores adoptan las medidas preventivas necesarias cuando aplican abonos minerales, en determinadas ocasiones descuidan otras operaciones asociadas al abonado, como sucede con el almacenamiento, manipulación y transporte de los envases o embalajes plásticos utilizados para ello.

Real Decreto 448/2020, de 10 de marzo, sobre caracterización y registro de la maquinaria agrícola:

En un sector agrícola respetuoso con el medioambiente resulta necesario utilizar máquinas cuyo diseño y fabricación hayan tenido presente una serie de requisitos mínimos, equipándolas con unos dispositivos que minimicen el riesgo de accidente para sus operarios, las emisiones de contaminantes, etc.

Fig. 3.10. Volcado hacia atrás de un tractor agrícola con abonadora.

Fig. 3.11. Tractor agrícola para cultivos herbáceos.